CADERNO DE ENCARGOS

VOLUME I

Blucher

CHAIM MUDRIK

CADERNO DE ENCARGOS

2ª edição revista e ampliada

TERRAPLENAGEM, PAVIMENTAÇÃO E SERVIÇOS COMPLEMENTARES

VOLUME I

Caderno de encargos
© 2006 Chaim Mudrik
2ª edição – 2006
4ª reimpressão – 2018
Editora Edgard Blücher Ltda.

Blucher

Rua Pedroso Alvarenga, 1245, 4º andar
04531-934 – São Paulo – SP – Brasil
Tel.: 55 11 3078-5366
contato@blucher.com.br
www.blucher.com.br

É proibida a reprodução total ou parcial por quaisquer meios sem autorização escrita da editora.

Todos os direitos reservados pela Editora Edgard Blücher Ltda.

FICHA CATALOGRÁFICA

Mudrik, Chaim
 Caderno de encargos / Chaim Mudrik – São Paulo: Blucher, 2006.

 Bibliografia.
 ISBN 978-85-212-0372-8

 1. Construção 2. Encargos I. Título.

| 05-4105 | CDD-690.026 |

Índices para catálogo sistemático:
1. Construção civil: Encargos sociais e trabalhistas 690.026

*À minha esposa Lúcia
e aos meus filhos Cláudia e Maurício*

PREFÁCIO

Deverá ser considerado a velocidade média de deslocamento da chapeira à obra nos coeficientes que envolvam a produtividade dos equipamentos e da mão-de-obra, caso não seja possível ter canteiro na obra.

Exemplo:

- Distância da chapeira à obra: 20 km
- V_M = Velocidade média desenvolvida nos horários em que é efetuado o translado da mão-de-obra:

Suponhamos a V_M = 18 km/H

18 km – 1H

20 km – xH

$$x = \frac{20 \text{ km} \times 1\text{H}}{18 \text{ km}} = 1,11\text{H}$$

Tempo gasto no percurso: Tempo ida + Tempo volta

T_T = 1,11H + 1,11H = 2,22H

Se considerarmos 5 (cinco) dias de trabalho/semana

Temos: 44H/semana ÷ 5 = 8,8H/dia

Tempo perdido no deslocamento/dia de trabalho = 2,22H

$$\frac{2,22H / \text{dia}}{8,80H / \text{dia}} = 0,25227 = 25,22\%$$

do tempo de trabalho/dia é improdutivo, portanto deverá ser acrescentado ao custo: 1,00000 – 0,25227 = 0,74773

Se considerarmos o coeficiente de produtividade para mão-de-obra:

100H ÷ 0,74773 = 133,74H de custo.

Sugerimos a revisão deste trabalho a, pelo menos, cada 2 anos, em função das alterações dos insumos, como modernização dos equipamentos, eventual aumento de produtividade de mão-de-obra, melhoria do trânsito com aumento da velocidade média de deslocamento, piora no trânsito com diminuição da velocidade de deslocamento, diminuição da atividade com aumento dos custos fixos em relação ao faturamento etc.

Meus especiais agradecimentos àqueles que, com seu incentivo, com o fornecimento de dados coletados ao longo dos anos, permitiu-me desenvolver, ao lado de minha vontade de crescimento profissional e de minha experiência, trabalhos na área de preços e custos. E também à Engª Maria de Fátima Mazucanti que muito me ajudou na atualização deste trabalho.

Esclareço que na última década, não tendo havido investimentos por parte do poder público, em infra-estrutura, mesmo tendo havido evolução nos equipamentos, mantive os equipamentos utilizados quando da elaboração deste trabalho pois não houve, por parte da maioria dos empresários, renovação dos mesmos.

Chaim Mudrik

CONTEÚDO

PARTE I – TERRAPLENAGEM, PAVIMENTAÇÃO E SERVIÇOS COMPLEMENTARES

I-1 Encargos sociais e trabalhistas na construção civil 2
    I-A   Encargos Sociais Básicos 2
    I-B   Encargos Sociais que recebem as incidências de "I-A" 2
    I-C   Encargos Sociais que não recebem as incidências de "I-A" 3
    I-D   Reincidência de "I-A" sobre "I-B" 3
    I-E   Outros 3
        I-E.1 Cálculo dos dias trabalhados por ano..3
        I-E.2 Cláusula Vigésima nona: Refeição mínima..4
I-2 Composição da Taxa de B.D.I...5
    I-2.1   Administração central..8
    I-2.2   Administração local 8
    I-2.3   Topografia e medições..11
    I-2.4   Transporte interno e externo de pessoal 13
    I-2.5   Transporte interno de materiais 15
    I-2.6   Operação, manutenção, vigilância e limpeza do canteiro 16
    I-2.7   Ferramentas e equipamentos de pequeno porte..18

PARTE II – TERRAPLENAGEM

II-1 Justificativa para a Proposição dos Itens..20
    Descrição dos serviços..23
    II-1.1   Limpeza do terreno, carga e transporte do material proveniente da limpeza até 5 km..23
    II-1.2/3/4 Raspagem 23
    II-1.5/6/7 Demolição de rocha 24
    II-1.8   Escavação da terra, medida no corte 25
    II-1.9   Transporte de terra, medido no corte..26
    II-1.10   Escavação de material turfoso, medida no corte 26
    II-1.11   Transporte do material turfoso, medido no corte..27
    II-1.12   Espalhamento no bota-fora..27
    II-1.13   Regularização do fundo de caixa 27
    II-1.14   Escavação e fornecimento de terra, medida no aterro compactado 28
    II-1.15   Transporte de terra, medido no aterro compactado..28
    II-1.16   Compactação de terra, medida no aterro 29
    II-1.17   Preparo do subleito..30

II-2	Relação de salários sem leis sociais e sem B.D.I.		32
II-3	Relação de custos de aquisição de materiais sem B.D.I.		33
II-4	Relação de custo de aquisição de equipamentos, inclusive acessórios e pneus, sem B.D.I.		34
II-5	Composições de custos horários		35
	II-5.1	Caminhão basculante	35
	II-5.2	Caminhão com carroceria de madeira	36
	II-5.3	Caminhão irrigador (pipa)	37
	II-5.4	Pá carregadeira, de pneus (100 HP)	38
	II-5.5	Carreta	39
	II-5.6	Compressor de ar (80 HP)	40
	II-5.7	Escavadeira equipada com "dragline" (72 HP)	41
	II-5.8	Escavadeira equipada com "shovel" (94 HP)	42
	II-5.9	Motoniveladora (126,7 HP)	43
	II-5.10	Rolo de pneus de pressão variável (108 HP)	44
	II-5.11	Rolo pé-de-carneiro vibratório auto-propelido (101 HP)	45
	II-5.12	Trator de esteiras (80 HP)	46
	II-5.13	Trator de esteiras (155 HP)	47
	II-5.14	Trator de pneus (108 HP)	48
II-6	Relação de custo horário de equipamentos sem B.D.I.		49
II-7	Composições de preços unitários de serviços		50
	II-7.1	Limpeza do terreno, carga e transporte do material proveniente da limpeza até 5 km	50
	II-7.2	Raspagem	51
	II-7.3	Carga do material proveniente da raspagem	52
	II-7.4	Transporte do material proveniente da raspagem	53
	II-7.5	Demolição de rocha	54
	II-7.6	Carga do material proveniente da demolição de rocha	55
	II-7.7	Transporte do material proveniente da demolição de rocha	56
	II-7.8	Escavação de terra, medida no corte	57
	II-7.9	Transporte de terra, medido no corte	58
	II-7.10	Escavação de material turfoso, medida no corte	59
	II-7.11	Transporte de material turfoso, medido no corte	60
	II-7.12	Espalhamento do material no bota-fora	61
	II-7.13	Regularização de fundo de caixa	62
	II-7.14	Escavação e fornecimento de terra, medido no aterro	63
	II-7.15	Transporte de terra, medido no aterro	64
	II-7.16	Compactação de terra, medida no aterro compactado	65
	II-7.17	Preparo do subleito	66

PARTE III – PAVIMENTAÇÃO

Descrição dos serviços 68
III-1   Base de rachões...68
III-2   Base de concreto f_{ck} = 10,7 MPa para guias, sarjetas e sarjetões................68
III-3   Fornecimento e assentamento de guias de concreto,
         tipo P.M.S.P. "100"..69
III-4   Construção de sarjeta ou sarjetão de concreto 71
III-5   Base de macadame hidráulico..74
         III-5.1   Esparrame do agregado graúdo 75
         III-5.2   Compressão da camada de agregado graúdo 75
         III-5.3   Esparrame, compressão e varredura do material de
                   enchimento...76
         III-5.4   Irrigação 76
         III-5.5   Compressão final...76
III-6   Base de bica corrida 77
         III-6.1   Esparrame da mistura de agregado graúdo agregado miúdo 77
         III-6.2   Compressão da camada 78
         III-6.3   Varredura e irrigação..79
         III-6.4   Compressão final...79
III-7   Base de brita graduada (usinada) 79
         III-7.1/7.2 Preparo dos materiais e dosagem da mistura 81
         III-7.3   Transporte e espalhamento da mistura......................................81
         III-7.4   Compressão e acabamento..82
III-8   Base de macadame betuminoso (IE-9) 83
         III-8.1   Esparrame e rolagem do agregado graúdo................................84
         III-8.2   Primeira distribuição do material betuminoso.........................85
         III-8.3   Primeiro esparrame do agregado miúdo de enchimento.............86
         III-8.4   Segunda distribuição do material betuminoso..........................86
         III-8.5   Segundo esparrame e rolagem do agregado miúdo...................87
         III-8.6   Compressão final...87
III-9   Base de concreto magro...87
III-10   Revestimento de pré-misturado, à frio (sem transporte)...........................88
         III-10.1   Preparo 89
         III-10.2   Dosagem da mistura 90
         III-10.3   Transporte e espalhamento da mistura......................................90
         III-10.4   Compressão e acabamento..90
III-11   "Binder", usinado à quente (sem transporte)...91
         III-11.1   Preparo dos materiais...92
         III-11.2   Preparo da mistura betuminosa 92
         III-11.3   Transporte e espalhamento 93
         III-11.4   Compressão e acabamento..93
III-12   Imprimação impermeabilizante betuminosa..95
         III-12.1/12.2 Varredura, limpeza e secagem da superfície 96
         III-12.3   Distribuição do material betuminoso 96

	III-12.4	Repouso da imprimação	96
	III-12.5	Esparrame do agregado miúdo	96
III-13	Imprimação ligante betuminosa		97
	III-13.1	Varredura e limpeza da superfície	97
	III-13.2	Secagem da superfície	97
	III-13.3	Distribuição do material betuminoso	98
	III-13.4	Repouso da imprimação	98
III-14	Revestimento com concreto asfáltico, faixa A (s/transporte)		98
III-15	Revestimento com concreto asfáltico, faixa B (s/transporte)		98
III-16	Revestimento com concreto asfáltico, faixa IV-B do I.A. (s/transporte)		98
III-17	Revestimento com pré-misturado, à quente, graduação densa (s/transporte)		98
	III-14.1/15.1/16.1	Preparo dos materiais	99
	III-14.2/15.2/16.2	Preparo da mistura betuminosa (dosagem e usinagem)	100
	III-14.3/15.3/16.3	Transporte e espalhamento	100
	III-14.4/15.4/16.4	Compressão e acabamento	101
III-18	Fresagem à frio (sem transporte)		102
	III-18.1	Determinações dos locais que deverão sofrer reparos	103
	III-18.2	Análise por laboratório e indição da solução a ser adotada	103
	III-18.3	Análise por laboratório do material fresado	104
	III-18.4	Indicação do destino que será dado ao material fresado	104
	III-18.5	Execução em função da destinação do material	104
III-19	Revestimento com reciclado (sem transporte)		104
	III-19.1	Preparo dos materiais	105
	III-19.2	Preparo da mistura betuminosa (dosagem e usinagem)	106
	III-19.3	Transporte e espalhamento	106
	III-19.4	Compressão e acabamento	107
III-20	Transporte de usinados e de material fresado		108
III-21	Construção de pavimento de concreto aparente f_{ck} = 21,3 MPa		109
	III-21.1	Materiais	109
	III-21.2	Método de execução	111
	III-21.3	Equipamentos	119
III-22	Pavimentos de concreto por processo manual		121
	III-22.1	Descrição dos serviços	121
	III-22.2	Materiais	121
	III-22.3	Método de execução	123
	III-22.4	Equipamentos	130
III-23	Fornecimento e assentamento de paralelepípedos		132
III-24	Base de areia ou coxim de areia		134
III-25	Rejuntamento de paralelepípedos com areia ou pó de pedra		134
III-26	Rejuntamento de paralelepípedos com argamassa de cimento e areia, no traço 1:3		135
III-27	Rejuntamento de paralelepípedos com asfalto e pedrisco		135
III-28	Passeio de concreto f_{ck} = 16,3 MPa, inclusive preparo do subleito e lastro de brita		136

	III-28.1	Preparo do subleito	136
	III-28.2	Execução de lastro de brita n° 2	137
	III-28.3	Formas.	137
	III-28.4	Preparo, lançamento e acabamento de concreto (espessura 0,07 mm)	137
III-29		Passeio de mosaico português, inclusive lavagem com ácido e preparo do subleito	137
III-30		Passeio de ladrilho hidráulico, inclusive preparo do subleito	139
	III-30.1	Preparo do subleito	139
	III-30.2	Formas	140
	III-30.3	Execução de lastro de concreto F_{ck} = 10,7 MPa (espessura 0,05 m)	140
	III-30.4	Execução de coxim, com argamassa de cimento e areia no traço 1:3 (espessura 0,015 m)	140
	III-30.5	Assentamento do ladrilho hidráulico (0,20 × 0,20 m)	140
	III-30.6	Limpeza do passeio	140
III-31		Tratamento de revestimento betuminoso, com Ancorsfalt	141
III-32		Revestimento com brita n.° 2 misturada ao solo local	141
III-33		Plantio de grama em placas (batatais: Paspalum notatum), inclusive acerto do terreno, compactação e cobertura com terra adubada	142
III-34		Relação de salários sem leis sociais e sem B.D.I.	143
III-35		Relação de custo de aquisição de materiais sem B.D.I.	144
III-36		Relação de custo de aquisição de equipamentos sem B.D.I	145
III-37		Relação de custo de aquisição de materiais, acessórios e pneus sem B.D.I.	146
III-38		Relação de custo de aquisição de equipamentos, incluindo acessórios e pneus sem B.D.I.	147
III-39		Composições de custos horários	148
	III-39.1	Caminhão basculante	148
	III-39.2	Caminhão de carroceria de madeira	149
	III-39.3	Caminhão espargidor	150
	III-39.4	Caminhão irrigador (pipa)	151
	III-39.5	Pá carregadeira, de pneus (100 HP)	152
	III-39.6	Carreta	153
	III-39.7	Compressor de ar (80 HP)	154
	III-39.8	Distribuidora de agregado	155
	III-39.9	Fresadora	156
	III-39.10	Grupo gerador diesel móvel	157
	III-39.11	Motoniveladora (126,7 HP)	158
	III-39.12	Rolo de pneus de pressão variável (108 HP)	159
	III-39.13	Rolo compressor liso (101 HP)	160
	III-39.14	Rolo compressor liso (76,5 HP)	161
	III-39.15	Rolo pé-de-carneiro vibratório auto-propelido (101 HP)	162
	III-39.16	Trator de esteiras	163

	III-39.17	Trator de pneus (108 HP)	164
	III-39.18	Usina de asfalto com acessórios: 100/120 t/h	165
	III-39.19	Usina misturadora de solos: 200 t/h	166
	III-39.20	Usina de reciclagem "*drum mix*": 70/90 t/h	167
	III-39.21	Vibroacabadora (52 HP)	168
	III-39.22	Martelete (rompedor)	169
	III-39.23	Relação de custo horário de equipamentos sem B.D.I.	170
III-40		Composições de preços unitários de serviços auxiliares	171
	III-40.1	Argamassa de cimento e areia no traço 1:3	171
	III-40.2	Binder, à quente (graduação aberta)	172
	III-40.3	Brita graduada (usinada)	173
	III-40.4	Concreto asfáltico, faixa A	174
	III-40.5	Concreto asfáltico, faixa B	175
	III-40.6	Concreto asfáltico, faixa IV-B do I.A.	176
	III-40.7	Pré-misturado à frio	177
	III-40.8	Pré-misturado à quente	178
	III-40.9	Reciclado	179
	III-40.10	Forma comum	180
	III-40.11	Relação dos custos das composições auxiliares, sem B.D.I.	181
III-41		Composições de preços unitários de serviços	182
	III-41.1	Base de rachões	182
	III-41.2	Base de concreto f_{ck} = 10,7 MPa para guias, sarjetas e sarjetões	183
	III-41.3	Fornecimento e assentamento de guias de concreto, tipo P.M.S.P. "100"	184
	III-41.4	Construção de sarjeta ou sarjetão de concreto	185
	III-41.5	Base de macadame hidráulico	186
	III-41.6	Base de bica corrida	187
	III-41.7	Base de brita graduada (usinada, sem transporte)	188
	III-41.8	Base de macadame betuminoso	189
	III-41.9	Base de concreto magro	190
	III-41.10	Revestimento de pré-misturado à frio (sem transporte)	191
	III-41.11	Binder usinado à quente (sem transporte)	192
	III-41.12	Imprimadura impermeabilizante	193
	III-41.13	Imprimadura ligante	194
	III-41.14	Revestimento com concreto asfáltico, faixa A (s/transporte)	195
	III-41.15	Revestimento com concreto asfáltico, faixa B (s/transporte)	196
	III-41.16	Revestimento com concreto asfáltico, faixa IV-B do I.A. (s/transporte)	197
	III-41.17	Revestimento de pré-misturado à quente (s/transporte)	198
	III-41.18	Fresagem (s/transporte) espessura 0,05 m	199
	III-41.19	Revestimento com reciclado (s/transporte)	200
	III-41.20	Transporte de usinados e de material fresado	201
	III-41.21	Construção de pavimento de concreto aparente f_{ck} = 21,3 MPa	202

III-41.22	Fornecimento e assentamento de paralelepípedos	203
III-41.23	Coxim de areia	204
III-41.24	Rejuntamento de paralelepípedos com areia	205
III-41.25	Rejuntamento de paralelepípedos com argamassa de cimento e areia no traço 1:3	206
III-41.26	Rejuntamento de paralelepípedos com asfalto e pedrisco	207
III-41.27	Passeio de concreto f_{ck} = 16,3 MPa, inclusive preparo do subleito e lastro de brita	208
III-41.28	Passeio de mosaico português, inclusive lavagem com ácido e preparo do subleito	209
III-41.29	Passeio de ladrilho hidráulico, inclusive preparo do subleito	210
III-41.30	Tratamento de revestimento betuminoso com Ancorsfalt	211
III-41.31	Revestimento com brita n.° 2, misturada ao solo local	212
III-41.32	Plantio de grama em placas (batatais: Paspalum notatum) inclusive acerto do terreno, compactação e cobertura com terra adubada	213

PARTE IV – SERVIÇOS COMPLEMENTARES

	Descrição dos serviços	216
IV-1	Arrancamento de guias de concreto	216
IV-2	Carga de guias em caminhão	216
IV-3	Transporte de guias para local determinado pela fiscalização	216
IV-4	Reassentamento de guias de concreto (tipo P.M.S.P. "100")	216
IV-5	Demolição de pavimento ou sarjeta de concreto	217
IV-6	Carga do material da demolição do pavimento ou sarjeta de concreto em caminhão	217
IV-7	Transporte do material proveniente da demolição de pavimento ou sarjeta de concreto para local determinado pela fiscalização	218
IV-8	Demolição de pavimento asfáltico	218
IV-9	Carga do material proveniente da demolição do pavimento asfáltico em caminhão	218
IV-10	Transporte do material proveniente da demolição do pavimento asfáltico para local determinado pela fiscalização	219
IV-11	Demolição de revestimento asfáltico	219
IV-12	Carga do material proveniente da demolição do revestimento asfáltico em caminhão	219
IV-13	Transporte do material proveniente da demolição do revestimento asfáltico para local determinado pela fiscalização	220
IV-14	Arrancamento de paralelepípedos	220
IV-15	Limpeza e empilhamento de paralelepípedos	220
IV-16	Carga de paralelepípedos em caminhão	221
IV-17	Transporte de paralelepípedos para local determinado pela fiscalização	221
IV-18	Reassentamento de paralelepípedos	221

IV-19	Composições de preços unitários		222
	IV-19.1	Arrancamento de guias de concreto	222
	IV-19.2	Carga de guias em caminhão	223
	IV19.3	Transporte de guias, para local determinado pela fiscalização	224
	IV-19.4	Reassentamento de guias de concreto	225
	IV-19.5	Demolição de pavimento ou sarjeta de concreto	226
	IV-19.6	Carga do material da demolição do pavimento ou sarjeta de concreto em caminhão	227
	IV-19.7	Transporte de material proveniente da demolição de pavimento ou sarjeta de concreto, para local determinado pela fiscalização	228
	IV-19.8	Demolição de pavimento asfáltico	229
	IV-19.9	Carga do material proveniente da demolição do pavimento asfáltico em caminhão	230
	IV-19.10	Transporte de material proveniente da demolição do pavimento asfáltico, para local determinado pela fiscalização	231
	IV-19.11	Demolição de revestimento asfáltico	232
	IV-19.12	Carga do material proveniente da demolição do revestimento asfáltico em caminhão	233
	IV-19.13	Transporte do material proveniente da demolição do revestimento asfáltico, para local determinado pela fiscalização	234
	IV-19.14	Arrancamento de paralelepípedos	235
	IV-19.15	Limpeza e empilhamento de paralelepípedos	236
	IV-19.16	Carga de paralelepípedos em caminhão	237
	IV-19.17	Transporte de paralelepípedos para local determinado pela fiscalização	238
	IV-19.18	Reassentamento de paralelepípedos	239

Parte I

Terraplenagem, pavimentação e serviços complementares

I-1 Encargos sociais e trabalhistas na construção civil
    I-A   Encargos Sociais Básicos
    I-B   Encargos Sociais que recebem as incidências de "I-A"
    I-C   Encargos Sociais que não recebem as incidências de "I-A"
    I-D   Reincidência de "I-A" sobre "I-B"
    I-E   Outros
          I-E.1 Cálculo dos dias trabalhados por ano
          I-E.2 Cláusula Vigésima nona: Refeição mínima
I-2 Composição da Taxa de B.D.I.
    I-2.1   Administração central
    I-2.2   Administração local
    I-2.3   Topografia e medições
    I-2.4   Transporte interno e externo de pessoal
    I-2.5   Transporte interno de materiais
    I-2.6   Operação, manutenção, vigilância e limpeza do canteiro
    I-2.7   Ferramentas e equipamentos de pequeno porte

I-1 Encargos sociais e trabalhistas na construção civil

I-A Encargos Sociais Básicos

I-A.1 Previdência Social 20,00%
I-A.2 FGTS 8,50%*
I-A.3 Salário educação 2,50%
I-A.4 Sesi 1,50%
I-A.5 Senai 1,00%
I-A.6 Incra 0,20%
I-A.7 Seguro contra os acidentes de trabalho 2,00%
I-A.8 Sebrae 0,60%

Total do grupo I-A 36,30%

I-B Encargos sociais que recebem as incidências de "I-A"

I-B.1 Repouso semanal, feriados e cláusula 46

$$\frac{52,00 + 9,58 + 2,00}{260,47} \times 100 \qquad = 24,41\%$$

I-B.2 Férias + 1/3

$$\frac{(25,67 \times 1,333) + (4,33 \times 0,3333)}{260,47} \times 100 \qquad = 13,69\%$$

I-B.3 13.° salário

$$\frac{30 \text{ dias}}{260,47} \times 100 \qquad = 11,52\%$$

I-B.4 Auxílios enfermidade e acidentes do trabalho e trajetos

$$\frac{3,75 + 5,28}{260,47} \times 100 \qquad = 3,47\%$$

I-B.5 Licença paternidade

$$1,25/260,47 \times 100 \qquad = 0,48\%$$

I-B.6 Faltas por motivos diversos

$$5,00/260,47 \times 100 \qquad = 1,92\%$$

Total grupo I-B 55,49%

---

* FGTS : 8,00% para o empregado e 0,50% para custear o pagamento dos expurgos dos planos Verão e Collor 1

I-C Encargos sociais que não recebem as incidências de "I-A"

I-C.1 Aviso prévio

$$\frac{30 \text{ dias}}{260,47} \times \frac{12}{20} \times 100 \qquad = 6,91\%$$

Tempo de permanência = 20 meses

I-C.2 Depósito por dispensa injusta

$$\begin{array}{l} 40\% \ [\text{I-A.2} + (\text{I-A.2} \times \text{IB})] \\ 40\% \ [8,5\% + (8,5\% \times 55,49\%)] \end{array} \qquad = 5,29\%$$

I-C.3 Indenização adicional

De acordo com o artigo 9 da Lei 6.708, a demissão no mês anterior ao do dissídio da categoria implica o pagamento de indenização adicional, correspondente a um salário.

$$1/12 \times \text{IC.1} = 1/12 \times 6,91\% \qquad = 0,58\%$$

Total grupo I-C **12,78%**

I-D Reincidência de "I-A" sobre "I-B"

$$36,30\% \times 55,49\% \qquad = 20,14\%$$

Total grupo I-D **20,14%**

I-E Outros

Dias de chuva e outras dificuldades = 1,50%
Total grupo I-E **1,50%**
TOTAL GERAL **126,21%**

I-E.1 Cálculo dos dias trabalhados por ano

Dias do ano 365,00
Domingos .... (–) 52,00
Feriados 11,00
Dedução dos feriados que coincidem com os domingos .... (–) 0,50

$$\begin{array}{l} 1990 = 0 \\ 1991 = 1 \end{array} \qquad \frac{0+1}{2} = 0,50$$

Dedução dos feriados que coincidem com as férias (–) 0,92

$$\frac{11}{12} = 0,92 \qquad 11,00 - 0,50 - 0,92 = (-) \ 9,58$$

Descanso remunerado, cláusula 46 do Acordo Intersindical

89/90 .... (–) 2,00

Férias 30,00

Dedução dos domingos que coincidem com as férias ..... (–) 4,33

$$\frac{52}{12} = 4,33 \qquad\qquad 30,00 - 4,33 = (-) 25,67$$

Faltas justificadas .... (–) 5,00

Auxílio enfermidade: 15 dias × 25% .... (–) 3,75

Acidente do trabalho e trajeto .... (–) 5,28

Licença paternidade: 5 dias × 25% .... (–) 1,25

Total dos dias trabalhados 260,47

I-E.2 Cláusula vigésima nona: refeição mínima

Acordo Intersindical 89/90

Custo café da manhã

(1 copo de leite, café e pão com margarina)   = R$ 2,60/dia

Custo anual: R$2,60/dia × 328 dias/ano   = R$ 852,80/ano

Salário médio anual: R$7,300/h × 7,3333 h/dia × 260,47 dias = R$13.943,764/ano

                1% sobre o salário   = R$ 139,45/ano

Subsídio: R$852,80/ano – R$139,45/ano   = R$ 713,35/ano

$$\frac{R\$\,713{,}35/ano}{R\$7{,}300/h \times 7{,}3333\ h/dia \times 260{,}47\ dias} \times 100 = 5{,}12\%$$

I-2 Composição da taxa de B.D.I. (Benefícios e Despesas Indiretas)

Item	Componente da taxa	Incidência sem L.S.	Incidência com L.S. de 126,21%	Só para pavimentação
1	Administração central	4,42%	6,82%	6,82%
2	Administração local	3,82%	5,45%	2,90%
3	Topografia e medições	0,94%	1,72%	1,24%
4	Transporte interno e externo de pessoal	1,53%	1,53%	1,53%
5	Transporte interno de materiais	0,56%	0,56%	0,58%
6	Operação, manutenção, vigilância e limpeza	1,90%	2,25%	1,53%
7	Ferramentas e equipamentos de pequeno porte	1,20%	1,20%	1,20%
8	Tributos: I.S.S. (Capital - SP), C.S.L.L., COFINS, C.P.M.F. e P.I.S.	10,20%	10,20%	10,20%
9	Despesas financeiras	0	0	0
Total da taxa de custos (TC)		**24,57%**	**29,73%**	**26,00%**
10	Lucro	12,00%	12,00	12,00%
Total da taxa de venda (TV)		**12,00%**	**12,00%**	**12,00%**

Observação: C.S.L.L. = 9% × 32% da Receita Bruta = 9% × 32% = 2,88%

(No caso do pagamento do I.R.P.J. por estimativa – Art.28 da Lei 9.430/96), alíquota de 9% relativamente aos fatos geradores ocorridos no período de 01/02/2000 a 31/12/2002 (Art. 6.º, II, da M.P. n.º 2.113/2001 e reedições posteriores).

I.S.S.   = 5,00%
Valor adotado   = 3,29% = 5,00% – 1,71% (Média do percentual de insumos).
C.S.L.L.   = 2,88% (a partir de setembro/2003)
COFINS   = 3,00% (a partir de abril/2003 até dezembro/2006)
C.P.M.F.   = 0,38%
P.I.S.   = 0,65%

As despesas financeiras são as efetuadas com empréstimos bancários para capital de giro, etc.

O imposto de renda das pessoas jurídicas (mensal estimado) será de:
a) alíquota normal de 15% sôbre a base de cálculo;
b) da alíquota adicional de 10% sobre a parcela da base de cálculo mensal que exceder a R$20.000,00 (vinte mil reais).

O COFINS e o PIS passarão a partir de janeiro/2007 a ter os seguintes valores: 7,60% e 1,65% respectivamente.

$$B.D.I. = \left(\frac{100,00 + TC}{100,00 - TV}\right) - 1$$

1) B.D.I. sem leis sociais

$$B.D.I. = \frac{100,00 + 24,57}{100,00 - 12,00} - 1 = 41,56\%$$

2) B.D.I. com leis sociais de 126,21%

$$B.D.I. = \frac{100,00 + 29,73}{100,00 - 12,00} - 1 = 47,42\%$$

3) B.D.I. com leis sociais de 126,21% só para pavimentação

$$B.D.I. = \frac{100,00 + 26,00}{100,00 - 12,00} - 1 = 43,18\%$$

Justificativa para o percentual considerado para a administração central:

Partindo da composição da administração local, temos:
Mão-de-obra sem leis sociais

Pavimentação:	9.882,00	
Pontilhão:	7.361,80	
Galeria moldada:	19.764,00	
Passarela:	19.764,00	
	56.771,80/4	= 14.192,95
	Leis sociais 100%	= 14.192,95
	Total	**28.385,90**

Materiais

Pavimentação:	23.818,85	
Pontilhão:	20.271,50	
Galeria moldada:	28.549,84	
Passarela:	30.405,62	
	102.045,81/4	= 25.761,45
	Total	**54.147,35**

$$\frac{\text{Mão-de-obra com leis sociais}}{\text{Total}} = \frac{28.385,90}{54.147,35} = 0,5242343$$

Partindo do percentual de 6,00% com leis sociais de 100%, apresentado no passado por empresas congêneres:

6,00% × 0,5243066 = 3,15% Mão-de-obra com 100% de leis sociais
6,00% − 3,15% = 2,85% Material

Total = 6,00%

Considerando-se 126,21% de leis sociais, temos:

$$\frac{126,21\%}{100\%} = 1,2621$$

Acrescendo à mão-de-obra, com leis sociais de 100%, o número encontrado acima, temos:

3,15% × 1,2621 = 3,98% Mão-de-obra com 126,21% de leis sociais
2,85% Material
6,83% Percentual considerado para a mão-de-obra com 126,21% de leis sociais mais material para administração central

3,15%/2 = 1,58% Mão-de-obra sem leis sociais
2,85% Material
4,42% Percentual considerado para a mão-de-obra sem leis sociais mais material para administração central

Outros dados utilizados na elaboração do cálculo da taxa de B.D.I.:

Valores, custo e prazo de obra realizada pela P.M.S.P., durante o ano de 1.987. (tabela a seguir)

Valores reajustados

Pavimentação	
Valor da obra	R$ 2.226.946,50
Custo da obra	R$ 1.590.659,20
Prazo da obra	120 dias

Viadutos/pontillhões	
Valor da obra	R$ 716.718,91
Custo da obra	R$ 511.942,08
Prazo da obra	90 dias

Galerias moldadas	
Valor da obra	R$ 1.451.757,30
Custo da obra	R$ 1.036.958,70
Prazo da obra	210 dias

Passarelas	
Valor da obra	R$ 2.263.587,00
Custo da obra	R$ 1.616.835,60
Prazo da obra	210 dias

I-2.1 Administração central

Compreende: Despesas com honorários da *diretoria, despesas tributárias, despesas administrativas* e *depreciação de bens patrimoniais.*
Despesas administrativas são as despesas com os Departamentos de Engenharia e Planejamento, Compras, Contabilidade, Pessoal, Financeiro e Jurídico com os respectivos *custos de leis sociais e benefícios trabalhistas, licitações e contratações, registros, cauções, aquisição de editais, preparação de propostas, orçamentos* e outros, *aluguel da sede e do depósito, seguro de RC., seguro total de veículos, equipamentos e instalações, água, luz, telefone, impostos, taxas de publicidade de operação da empresa, materiais de escritório e de limpeza, manutenção de máquinas e equipamentos de escritório, impressos e cópias, planejamento executivo dos contratos.* O custo da Administração Central é função do porte da empresa, sua estrutura, do número de obras em execução, dos salários do pessoal administrativo, etc. A taxa, utilizada por empresas congêneres nas licitações de obras civis, em média é de:

4,42% ⇒ Sem leis sociais e sem despesas financeiras;
6,83% ⇒ Com leis sociais de 126,21% e sem despesas financeiras;
6,83% ⇒ Com leis sociais de 126,21% e sem despesas financeiras, só para pavimentação.

I-2.2 Administração local

Compreende: Despesas com *pessoal administrativo da obra, mobiliários, materiais administrativos e equipamentos do escritório do canteiro de obras.* As categorias incluídas na administração local, entre outras, são as seguintes:

>Engenheiro residente
>Feitor
>Almoxarife
>Apontador
>Assistente técnico
>Auxiliar administrativo
>Secretária

Estão incluídas, ainda neste item, as seguintes despesas:

- Higiene e segurança do trabalho, inclusive equipamentos de proteção individual, extintores de incêndio etc.;
- Livro de ocorrência ou Diário de obra;
- Alimentação dos funcionários;
- Seguro do R.C. do construtor de imóveis em zona urbana;
- Mobilização e desmobilização de equipamento;
- Ensaios para o *controle tecnológico da obra*, admitido o número

mínimo de ensaios necessários ao acompanhamento da qualidade da execução do serviço. Os excedentes, a critério da fiscalização, serão remunerados através da tabela de preços adotada para a execução dos serviços.

As incidências na composição do B.D.I., para este item, nos serviços abaixo descritos, são as seguintes:

	Sem leis sociais e sem despesas financeiras	Com leis sociais de 126,21% e sem despesas financeiras
Pavimentação	2,12%	2,90%
Pontilhões	5,40%	7,21%
Galerias moldadas	4,66%	7,06%
Passarelas	3,10%	4,64%
	15,28%/4 = 3,82%	21,81%/4 = 5,45%
	Só para pavimentação: 2,90%	

2 ADMINISTRAÇÃO LOCAL

Discriminação	Unidade	R$ unitário	Pavimentação Quant.	Pavimentação total	Pontilhões Quant.	Pontilhões Total
Mão - de - obra	-	-	-	-	-	-
Engenheiro residente	h	26,00	120	3.120,00	90	2.340,00
Engenheiro de segurança	h	19,88	30	596,40	20	397,60
Encarregado	h	15,29	240	3.669,60	180	2.752,20
Feitor	h	2,14	480	1.027,20	360	770,40
Auxiliar administrativo	h	6,12	240	1.468,80	180	1.101,60
Totais				9.882,00		7.361,80
			Galeiras moldadas	Galeiras moldadas	Passarelas	Passarelas
Engenheiro residente	h	26,00	240	6.240,00	240	6.240,00
Engenheiro de segurança	h	19,88	60	1.192,80	60	1.192,80
Encarregado	h	15,29	480	7.339,20	480	7.339,20
Feitor	h	2,14	960	2.054,40	960	2.054,40
Auxiliar administrativo	h	6,12	480	2.937,60	480	2.937,60
Totais				19.764,00		19.764,00

Despesas gerais	Unid.	Quant.	Pavimentação		Pontilhões	
			Preço unit.	total	Preço unit.	Total
Material administrativo	%	1,00	12.525,88	125,26	9.344,71	93,45
Despesas legais	%	0,05	1.590.659,20	795,33	511.942,08	255,97
Seguro Resp. civil	%	0,05	2.226.946,50	1.113,47	716.718,91	358,36
Mobiliz./desmobilizado	%	0,05	1.590.674,50	795,34	511.942,08	255,97
Alimentação	un	3.000,00	6,12	18.352,94	6,12	18.352,94
Ensaios	%	0,15	1.590.659,20	2.385,99	511.942,08	767,91
Equip. proteção	%	1,00	12.525,88	125,26	9.344,71	93,45
Outros	%	1,00	12.523,88	125,26	9.344,71	93,45
Totais				**23.818,85**		**20.271,50**
			Galerias moldadas		Passarelas	
Material administrativo	%	1,00	25.051,76	250,52	25.058,00	250,58
Despesas legais	%	0,05	1.036.958,70	518,48	1.616.835,60	808,42
Seguro Resp. civil	%	0,05	1.451.757,30	725,88	2.263.587,00	1.131,79
Mobiliz./desmobilizado	%	0,05	1.036.958,70	518,48	1.616.835,60	808,42
Alimentação	un	4.000,00	6,12	24.480,00	6,12	24.480,00
Ensaios	%	0,15	1.036.958,70	1.555,44	1.616.835,60	2.425,25
Equip. proteção	%	1,00	25.051,76	250,52	25.058,00	250,58
Outros	%	1,00	25.051,76	250,52	25.058,00	250,58
Totais				**28.549,84**		**30.405,62**

INCIDÊNCIA PARA ADMINISTRAÇÃO LOCAL		
Discriminação	Pavimentação	Pontilhões
Total sem leis sociais e sem despesas financeiras Incidência	33.700,85 $\dfrac{33.700,85}{1.590.659,20} = 2,12\%$	27.633,30 $\dfrac{27.633,30}{511.942,08} = 5,40\%$
Total c/leis sociais 126,21% e s/despesas financeiras Incidência	46.172,92 $\dfrac{46.172,92}{1.590.659,20} = 2,90\%$	36.924,63 $\dfrac{36.924,63}{511.942,08} = 7,21\%$
Discriminação	Galerias moldadas	Passarelas
Total sem leis sociais e sem despesas financeiras Incidência	48.313,84 $\dfrac{48.313,84}{1.036.958,70} = 4,66\%$	50.169,62 $\dfrac{50.169,62}{1.616.835,60} = 3,10\%$
Total c/leis sociais 126,21% e s/despesas financeiras Incidência	73.257,98 $\dfrac{73.257,98}{1.036.958,70} = 7,06\%$	75.113,76 $\dfrac{75.113,76}{1.616.835,60} = 4,64\%$

Incidência sem leis sociais e sem despesas financeiras
Pavimentação	= 2,12%
Pontillhões	= 5,40%
Galerias moldadas	= 4,66%
Passarelas	= 3,10%
15,28%/4	**= 3,82%**

Incidência com leis sociais de 126,21% e sem despesas financeiras
Pavimentação	= 2,90%
Pontilhões	= 7,21%
Galerias moldadas	= 7,06%
Passarelas	= 4,64%
21,81% /4	**= 5,45%**

I-2.3 Topografia e medições

Compreende: Serviços topográficos, manutenção da equipe, apontamentos, cálculos, desenhos e a preparação dos elementos necessários para a elaboração dos serviços executados. Os serviços topográficos constam de locação de obra, cadastros, acompanhamento da execução dos serviços e elaboração de "as built". As incidências na composição do B.D.I., para este item, nos serviços abaixo descritos, são as seguintes:

	Sem leis sociais e sem despesas financeiras	Com leis sociais de 126,21% e sem despesas financeiras
Pavimentação	0,68%	1,24%
Pontilhões	1,16%	2,08%
Galerias moldadas	1,05%	1,90%
Passarelas	0,88%	1,64%
	3,77%/4 = 0,94%	6,86%/4 = 1,72%
	Só para pavimentação: 1,24%	

3. TOPOGRAFIA E MEDIÇÕES

Discriminação	Unidade	Preço unitário	Pavimentação Quant.	Pavimentação total	Pontilhões Quant.	Pontilhões Total
Mão-de-obra						
Topógrafo	h	7,65	240	1.836,00	140	1.071,00
Auxiliar de topografia	h	3,08	240	734,40	140	428,40
Ajudante de topografia	h	2,45	240	588,00	140	343,00
Desenhista	h	5,50	120	660,00	70	385,00
Apropriador	h	2,75	480	1.320,00	140	385,00
Encarregado de medições	h	4,59	240	1.101,60	140	642,60
Nivelador	h	3,36	240	806,40	140	470,40
Totais				**7.046,40**		**3.725,40**
Equipamentos						
Teodolito	h	9,18	240	2.203,20	140	1.285,20
Nível	h	5,35	240	1.284,00	140	749,00
Sub-total				3.487,20		2.034,20
Equipamentos e acessórios	%	-	10%	348,72	10%	203,42
Totais				**3.835,92**		**2.237,62**

Discriminação	Unidade	Preço unitário	Galerias moldadas Quant.	Galerias moldadas total	Passarelas Quant.	Passarelas Total
Mão-de-obra						
Topógrafo	h	7,65	240	1.836,00	280	2.142,00
Auxiliar de topografia	h	3,08	240	734,40	560	1.724,80
Ajundate de topografia	h	2,45	240	588,00	560	1.372,00
Desenhista	h	5,50	120	660,00	140	770,00
Apropriador	h	2,75	480	1.320,00	560	1.540,00
Encarregado de medições	h	4,59	240	1.101,60	280	1.285,20
Nivelador	h	3,36	240	806,40	280	940,80
				7.046,40		9.774,80
Equipamentos						
Teodolito	h	9,18	240	2.203,20	280	2.570,40
Nível	h	5,35	240	1.284,00	280	1.498,00
Sub-total				3.487,20		4.068,40
Equipamentos e acessórios	%	-	10%	348,72	10%	406,84
Total				**3.835,92**		**4.475,24**

INCIDÊNCIA PARA TOPOGRAFIA E MEDIÇÕES			
Discriminação	**Pavimentação**		**Pontilhões**
Total sem leis sociais e sem despesas financeiras Incidência	10.882,32 $\dfrac{10.882,32}{1.590.659,20} = 0{,}68\%$		5.963.02 $\dfrac{5.963.02}{511.942,08} = 1{,}16\%$
Total c/leis sociais 126,21% e s/despesas financeiras Incidência	19.775,58 $\dfrac{19.775,58}{1.590.659,20} = 1{,}24\%$		10.664,85 $\dfrac{10.664,85}{511.942,08} = 2{,}08\%$
Discriminação	**Galerias moldadas**		**Passarelas**
Total sem leis sociais e sem despesas financeiras Incidência	10.882,32 $\dfrac{10.882,32}{1.036.958,70} = 1{,}05\%$		14.250,04 $\dfrac{14.250,04}{1.616.835,60} = 0{,}88\%$
Total c/leis sociais 126,21% e s/despesas financeiras Incidência	19.775,58 $\dfrac{19.775,58}{1.036.958,70} = 1{,}90\%$		26.586,81 $\dfrac{26.586,81}{1.616.835,60} = 1{,}64\%$

Incidência sem leis sociais e sem despesas financeiras
    Pavimentação   = 0,68%
    Pontillhões   = 1,16%
    Galerias moldadas   = 1,05%
    Passarelas   = 0,88%

                                     3,77%/4   **= 0,94%**

Incidência com leis sociais de 126,21% e sem despesas financeiras
Pavimentação   = 1,24%
Pontilhões   = 2,08%
Galerias moldadas   = 1,90%
Passarelas   = 1,64%

                                      6,86%/4   **= 1,72%**

I-2.4 Transporte interno e externo de pessoal

Compreende: O transporte do alojamento ou chapeira para a frente de serviço e vice-versa. Este transporte será feito em veículos fechados próprios para o transporte de pessoal. As incidências na composição do B.D.I., para este item, nos serviços abaixo descritos, são as seguintes:

	Sem leis sociais e sem despesas financeiras	Com leis sociais de 126,21% e sem despesas financeiras
Pavimentação	1,53%	1,53%
Pontilhões	1,54%	1,54%
Galerias moldadas	1,54%	1,54%
Passarelas	1,51%	1,51%
	6,13%/4 = 1,53%	6,13%/4 = 1,53%
	Só para pavimentação: 1,53%	

4. TRANSPORTE INTERNO E EXTERNO DE PESSOAL

Discriminação	Unidade	Preço unitário	Pavimentação Quant.	Pavimentação total	Pontilhões Quant.	Pontilhões Total
Equipamento						
Kombi	h	35,79	680	24.336,00	220	7.873,80
Total				**24.336,00**		**7.873,80**
			Galerias moldadas		Passarelas	
Equipamento						
Kombi	h	35,79	450	16.105,50	680	24.336,00
Total				**16.105,50**		**24.336,00**

INCIDÊNCIA PARA TRANSPORTE INTERNO E EXTERNO DE PESSOAL

Discriminação	Pavimentação	Pontilhões
Total s/ e c/leis sociais 126,21% e s/despesas financeiras Incidência	24.336,00 $\dfrac{24.336,00}{1.590.659,20} = 1,53\%$	7.873,80 $\dfrac{7.873,80}{511.942,08} = 1,54\%$
Discriminação	**Galerias moldadas**	**Passarelas**
Total s/ e c/leis sociais 126,21% e s/despesas financeiras Incidência	16.105,50 $\dfrac{16.105,50}{1.036.958,70} = 1,55\%$	24.336,00 $\dfrac{24.336,00}{1.616.835,60} = 1,51\%$

Incidência sem e com leis sociais de 126,21% e sem despesas financeiras
    Pavimentação   = 1,53%
    Pontillhões   = 1,54%
    Galerias moldadas   = 1,55%
    Passarelas   = 1,51%
                              6,13%/4   **= 1,53%**

I-2.5 Transporte interno de materiais

Compreende: Transporte dos materiais dos almoxarifados para as frentes de serviço. As incidências na composição do B. D. I., para este item, nos serviços abaixo descritos, são as seguintes:

	Sem leis sociais e sem despesas financeiras	Com leis sociais de 126,21% e sem despesas financeiras
Pavimentação	0,58%	0,58%
Pontilhões	0,48%	0,48%
Galerias moldadas	0,61%	0,61%
Passarelas	0,56%	0,56%
	2,23%/4 = 0,56%	2,23%/4 = 0,56%
	Só para pavimentação: 0,58%	

5. TRANSPORTE INTERNO DE MATERIAIS

Discriminação	Unidade	Preço unitário	Pavimentação Quant.	total	Pontilhões Quant.	Total
Equipamento						
Caminhão carroceria	h	43,13	50	2.156,50	45	1.940,85
Caminhão carroceria c/guincho	h	50,50	50	2.525,06	-	-
Caminhão basculante	h	45,79	100	4.579,00	-	-
Carreta c/plataforma	h	51,08	-	-	10	510,82
Totais				**9.260,56**		**2.451,67**
			Galerias moldadas		Passarelas	
Equipamento						
Caminhão carroceria	h	43,13	100	4.313,00	150	6.469,50
Caminhão carroceria c/guincho	h	50,50	-	-	-	-
Caminhão basculante	h	45,79	-	-	-	-
Carreta c/plataforma	h	51,08	40	2.043,20	50	2.554,00
Totais				**6.356,20**		**9.023,50**

INCIDÊNCIA PARA TRANSPORTE INTERNO DE MATERIAIS

Discriminação	Pavimentação	Pontilhões
Total s/ e c/leis sociais 126,21% e s/despesas financeiras Incidência	9.260,56 $\dfrac{9.260,56}{1.590.659,20} = 0,58\%$	2.451,67 $\dfrac{2.451,67}{511.942,08} = 0,48\%$
Discriminação	Galerias moldadas	Passarelas
Total s/ e c/leis sociais 126,21% e s/despesas financeiras Incidência	6.356,20 $\dfrac{6.356,20}{1.036.958,70} = 0,61\%$	9.023,50 $\dfrac{9.023,50}{1.616.835,60} = 0,56\%$

Incidência sem e com leis sociais de 126,21% e sem despesas financeiras
    Pavimentação = 0,58%
    Pontillhões = 0,48%
    Galerias moldadas = 0,61%
    Passarelas = 0,56%

2,23%/4 = 0,56%

I-2.6 Operação, manutenção, vigilância e limpeza do canteiro

Compreende: Ligação de força e água, vigilância, despesas com consumo de água, luz e telefone, sinalização de tráfego, andaimes, bandejas, salva-vidas, placas de obra, abertura e conservação de caminhos e acessos, tapumes e cercas, limpeza e manutenção das instalações provisórias. O custo de instalação do canteiro de obras será remunerado através da Planilha de Preços, como percentual do orçamento. As incidências na composição do B. D. I., para este item, nos serviços abaixo descritos, são as seguintes:

	Sem leis sociais e sem despesas financeiras	Com leis sociais de 126,21% e sem despesas financeiras
Pavimentação	1,34%	1,53%
Pontilhões	2,60%	3,21%
Galerias moldadas	1,94%	2,29%
Passarelas	1,71%	1,98%
	7,59%/4 = 1,90%	9,01%/4 = 2,25%
	Só para pavimentação: 1.53%	

6. OPERAÇÃO, MANUTENÇÃO, VIGILÂNCIA E LIMPEZA DO CANTEIRO

Discriminação	Unidade	Preço unitário	Pavimentação Quant.	Pavimentação total	Pontilhões Quant.	Pontilhões Total
Mão-de-obra						
Vigilante	h	1,22	320	390,40	320	390,40
Feitor	h	2,14	160	342,40	160	342,40
Servente	h	1,10	1.280	1.408,00	1.280	1.408,00
Carpinteiro	h	1,68	80	134,40	80	134,40
Eletricista	h	2,38	80	190,40	80	190,40
Total				2.465,60		2.465,60
Despesas legais						
Ligação força e luz	Vb	-	0,10%C	1.590,66	0,10%C	511,94
Água, luz e telefone	Vb	-	0,10%C	1.590,66	0,10%C	511,94
Sinalização Tráfego	Vb	-	0,10%C	1.590,66	0,10%C	511,94
Placas de obra	Vb	-	0,01%C	159,07	0,01%C	51,19
Andaimes e bandejas	Vb	-	-	-	0,10%C	511,94
Total				4.931,05		2.098,95
Materiais						
Tapumes	m²	60,56	120	7.267,20	100	6.056,00
Mat. limpeza/manut. do canteiro	Vb	-	2,00%	470,99	2,00%	314,90
Total				7.738,19		6.370,90
Equipamentos						
Caminhão pipa	h	49,70	50	2.485,00	25	1.242,50
Caminhão basculante	h	45,79	80	3.663,20	25	1.144,75
Total				6.148,20		2.387,25

			Galerias moldadas		Passarelas	
Mão-de-obra						
Vigilante	h	1,22	840	1.024,80	960	1.171,20
Feitor	h	2,14	280	599,20	240	513,60
Servente	h	1,10	840	924,00	1.440	1.584,00
Carpinteiro	h	1,68	90	151,20	40	67,20
Eletricista	h	2,38	90	214,20	40	95,20
Total				**2.913,40**		**3.431,20**
Despesas legais						
Ligação força e luz	Vb	-	0,10%C	1.036,96	0,10%C	1.616,83
Água, luz e telefone	Vb	-	0,10%C	1.036,96	0,10%C	1.616,83
Sinalização Trafego	Vb	-	0,10%C	1.036,96	0,10%C	1.616,83
Placas de obra	Vb	-	0,01%	103,70	0,01%C	161,68
Andaimes e bandejas	Vb	-	-	-	0,10%C	1.616,83
Total				**3.214,58**		**6.629,01**
Materiais						
Tapumes	m²	1.980,00	160	9.689,60	100	6.056,00
Mat. limpeza/manut. do canteiro	Vb	-	2,00%	460,48	2,00%	616,80
Total				**10.150,08**		**6.672,80**
Equipamentos						
Caminhão pipa	h	49,70	40	1.988,00	90	4.473,00
Caminhão basculante	h	45,79	40	1.831,60	140	6.410,60
Total				**3.819,60**		**10.883,60**

INCIDÊNCIA PARA OPERAÇÃO, MANUTENÇÃO, VIGILÂNCIA E LIMPEZA DO CANTEIRO		
Discriminação	**Pavimentação**	**Pontilhões**
Total sem leis sociais e sem despesas financeiras Incidência	21.283,04 $\dfrac{21.283,04}{1.590.659,20} = 1,34\%$	13.322,70 $\dfrac{13.322,70}{511.942,08} = 2,60\%$
Total c/leis sociais 126,21% e s/despesas financeiras Incidência	24.394,87 $\dfrac{24.394,87}{1.590.659,20} = 1,53\%$	16.434,54 $\dfrac{16.434,54}{511.942,08} = 3,21\%$
Discriminação	**Galerias moldadas**	**Passarelas**
Total sem leis sociais e sem despesas financeiras Incidência	20.097,66 $\dfrac{20.097,66}{1.036.958,70} = 1,94\%$	27.616,61 $\dfrac{27.616,61}{1.616.835,60} = 1,71\%$
Total c/leis sociais 126,21% e s/despesas financeiras Incidência	23.774,66 $\dfrac{23.774,66}{1.036.958,70} = 2,29\%$	31.947,13 $\dfrac{31.947,13}{1.616.835,60} = 1,98\%$

Incidência sem leis sociais e sem despesas financeiras

Pavimentação	= 1,34%
Pontillhões	= 2,60%
Galericas moldadas	= 1,94%
Passarelas	= 1,71%

$$7,59\%/4 \quad = 1,90\%$$

Incidência com leis sociais de 126,21% e sem despesas financeiras

Pavimentação	= 1,53%
Pontilhões	= 3,21%
Galerias moldadas	= 2,29%
Passarelas	= 1,98%

$$9,01\%/4 \quad = 2,25\%$$

I-2.7 Ferramentas e equipamentos de pequeno porte

Compreende: Ferramentas como pás, picaretas, carrinhos, martelos, serra etc., e de pequeno porte, como furadeiras elétricas, serras elétricas, moto-serras, vibradores, compactadores manuais, bombas, máquinas de cortar, guinchos, betoneiras portáteis etc. São considerados equipamentos de pequeno porte aqueles cujos valores de aquisição são inferiores a R$30,00. A incidência média de custo relativo aos equipamentos de pequeno porte e ferramentas mais significativas no custo total da obra, adotado pela maioria das empresas, é de: 1,20%.

PARTE II

TERRAPLENAGEM

II-1 Justificativa para a Proposição dos Itens
- II-1.1 Limpeza do terreno, carga e transporte do material proveniente da limpeza até 5 km (m^2)
- II-1.2 Raspagem (m^2)
- II-1.3 Carga do material proveniente da raspagem (m^3)
- II-1.4 Transporte do material proveniente da raspagem (m^3 x km)
- II-1.5 Demolição de rocha (m^3)
- II-1.6 Carga do material proveniente da demolição de rocha (m^3)
- II-1.7 Transporte do material proveniente da demolição de rocha (m^3 x km)
- II-1.8 Escavação da terra, medida no corte (m^3)
- II-1.9 Transporte de terra, medido no corte (m^3 x km)
- II-1.10 Escavação de material turfoso, medida no corte (m^3)
- II-1.11 Transporte do material turfoso, medido no corte (m^3 x km)
- II-1.12 Espalhamento do material no bota-fora (m^3)
- II-1.13 Regularização do fundo de caixa (m^2)
- II-1.14 Escavação e fornecimento de terra, medida no aterro compactado (m^3)
- II-1.15 Transporte de terra, medido no aterro compactado (m^3 x km)
- II-1.16 Compactação de terra, medida no aterro (m^3)
- II-1.17 Preparo do subleito (m^2)

Descrição dos serviços

II-1 Justificativa para a proposição dos itens

Solo local de baixo C.B.R.. Este fato gera a necessidade de importação de solo de melhor qualidade, ou seja, de um C.B.R. pelo menos igual a 14%. Segundo a MD-3/1979, um pavimento periférico ou leve terá os seguintes dimensionamentos, em função de seu C.B.R.:

Solo local: CBR $\geq$ 19%. Espessura equivalente: 21,4 cm.

PMQ:	3 cm
MB:	5 cm
MH (2ª Cam.):	5 cm
MH (1ª Cam.):	5 cm
	18 cm

Solo local: CBR $\geq$ 14%. Espessura equivalente: 26,4 cm.

PMQ :	3 cm
MB :	5 cm
MH (2ª Cam.):	5 cm
MH (1ª Cam.):	10 cm
	23 cm

Se for constatada a existência de uma jazida, cujo CBR $\geq$ 19%, será executada sub-base de solo selecionado em substituição aos 5cm do M.H. (desde que financeiramente compense a substituição).

Para a execução da base de solo selecionado deverão ser seguidas as seguintes etapas construtivas, após o levantamento plani-altimétrico:

1. Limpeza do terreno da jazida.
2. Raspagem.
3. Escavação de terra, medida no corte.
4. Transporte de terra, medida no corte.
5. Regularização do fundo de caixa.
6. Escavação e fornecimento de terra, medida no aterro.
7. Transporte de terra, medido no aterro compactado.
8. Compactação de terra, medida no aterro compactado.
9. Espalhamento do material no bota-fora.
10. Preparo do subleito.

Há que se justificar, ainda, a não inclusão do preparo de caixa em nossa sugestão, em função do seguinte:

1° caso: Solo do subleito de CBR ≥ 19%

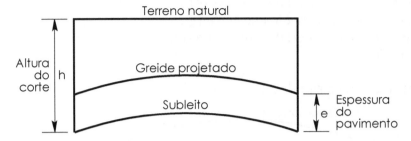

Etapas construtivas:
- Escavação de terra, medida no corte (h).
- Transporte de terra, medida no corte (h).
- Espalhamento do material, no bota-fora (h).
- Preparo do subleito.

2° caso: Solo do subleito de baixo CBR

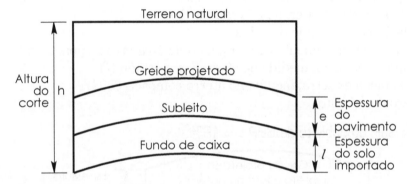

Etapas construtivas:
- Escavação de terra, medida no corte (h).
- Transporte de terra, medida no corte (h).
- Espalhamento do material, no bota-fora (h).
- Regularização do fundo de caixa.
- Escavação e fornecimento de terra, medida no aterro compactado (l).
- Transporte de terra, medido no aterro compactado (l).
- Compactação de terra, medida no aterro compactado (l).
- Preparo do subleito.

3° caso: Solo do subleito de CBR >= 19%

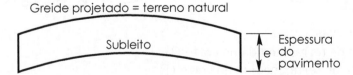

Etapas construtivas:
- Escavação de terra, medida no corte (e).
- Transporte de terra, medida no corte (e).
- Espalhamento do material no bota-fora (e).
- Preparo do subleito.

4° caso: Solo do subleito de baixo CBR

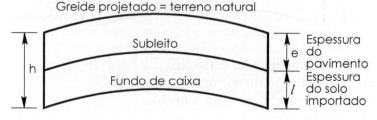

Etapas construtivas:
- Escavação de terra, medida no corte (h).
- Transporte de terra, medida no corte (h).
- Espalhamento do material no bota-fora (h).
- Regularização do fundo de caixa.
- Escavação e fornecimento de terra, medida no aterro compactado (l).
- Transporte de terra, medido no aterro compactado (l).
- Compactação de terra, medida no aterro compactado (l).
- Preparo do subleito.

5° caso: Solo do subleito de CBR >= 19%

Etapa construtiva:
- Preparo do subleito.

6° caso: Solo do subleito de baixo CBR

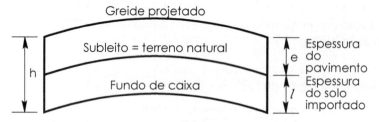

Etapas construtivas:
- Escavação de terra, medida no corte (l).
- Transporte de terra, medida no corte (l).

- Espalhamento do material no bota-fora (l).
- Regularização do fundo de caixa.
- Escavação e fornecimento de terra, medida no aterro compactado (*l*).
- Transporte de terra, medido no aterro compactado (*l*).
- Compactação de terra, medida no aterro compactado (*l*).
- Preparo do subleito.

DESCRIÇÃO DOS SERVIÇOS

II-1.1 Limpeza do terreno, carga e transporte do material proveniente da limpeza, até 5 km (m²)

Compreende a capina, roçada, corte de árvores com diâmetro até 0,20 m, o destocamento e o transporte até 5 km. Todos os tocos provenientes dos cortes das árvores terão de ser arrancados e removidos. O material proveniente da roçada e da capina terá, igualmente, que ser removido para local indicado pela fiscalização.

Equipamentos

Trator de lâmina D4-E ou similar
Pá carregadeira de pneus CAT 930 ou similar
Serra elétrica
Caminhão basculante
Caminhão carroceria com guincho Munck
Carreta

Método de execução

A roçada e a capina serão efetuados manualmente, sendo o material proveniente deste serviço amontoado, aguardando orientação da fiscalização sobre a queima ou remoção do mesmo. O corte das árvores com diâmetro até 0,20m poderá ser efetuado manualmente ou mecanicamente.

Mecanicamente será efetuado por serras elétricas. A destoca será efetivada por trator de lâmina. No caso da remoção haverá a necessidade de pá carregadeira de pneus, caminhão basculante e caminhão de carroceria equipado com guincho. O transporte será até a distância média de ida e volta de 5 km.

Critério de medição e pagamento

Deverá ser feito levantamento planimétrico da área a ser limpa. Após a execução do serviço será assinalado no desenho, proveniente do levantamento, os limites do executado e calculada a área que remunerará o serviço executado em m² (metro quadrado).

II-1.2/3/4 Raspagem

Consiste na remoção da camada vegetal que recobre o solo que será utilizado como jazida ou no local onde o mesmo será aplicado. Considera-se como raspagem os serviços cuja média aritmética de altura de escavação para remoção da camada vegetal seja menor ou igual a 0,20m.

Equipamentos

    Trator de lâmina D4-E ou similar
    Pá carregadeira de pneus CAT 930 ou similar
    Carreta
    Caminhão basculante

Método de execução

Este serviço será feito com recursos mecânicos. O trator de lâmina raspará o material a ser removido até a cota prevista em projeto. A carga será efetuada por pá carregadeira de pneus e a remoção até o bota-fora, determinado pela fiscalização, por caminhão basculante.

Critério de medição e pagamento

II-1.2 *Raspagem:* Antes do início do serviço, deverá ser efetuado levantamento plani-altimétrico da área cujo recobrimento de terra vegetal deverá ser removido. O volume removido até 0,20m será remunerado por m² (metro quadrado). O que exceder a 0,20m será remunerado por escavação de terra, medida no corte.

II-1.3 *Carga do material proveniente da raspagem:* O volume obtido pelo cálculo das secções cuja altura média seja inferior a 0,20m; a carga será remunerada por m³ (metro cúbico).

II-1.4 *Transporte do material proveniente da raspagem:* Será medida a distância média de transporte de ida e volta do material, sendo a remuneração por m³ × km (metro cúbico por quilômetro).

II-1.5/6/7 Demolição de rocha

Consiste na remoção de material pétreo que não seja possível viabilizar através de meio mecânico. O material proveniente da demolição deverá ser removido para local previamente determinado pela fiscalização.

Equipamentos

    Compressor de ar XAS 80 ou similar
    Martelete com perfuratriz (2) TEX 31 ou similar
    Pá carregadeira de pneus CAT 930 ou similar
    Caminhão basculante
    Carreta

Método de execução

O manuseio e o transporte de material explosivo, depende de autorização prévia dos órgãos competentes. O serviço deverá ser executado por profissional habilitado. O profissional (cabo de fogo) determinará o local e a profundidade dos furos que serão efetuados pelos marteletes com perfuratriz. A quantidade de dinamite necessária será em função do volume de rocha a ser demolido. O cabo de fogo providenciará que a dinamite, e o mantopim hidráulico sejam introduzidos nos furos, e só depois que todas as medidas de segurança forem cumpridas proceder-se-á a detonação.

O material proveniente desta demolição será carregado em caminhão basculante por pá carregadeira de pneus, para ser transportado ao local fixado pela fiscalização.

Critério de medição e pagamento

II-1.5 *Demolição de rocha:* Será precedido de levantamento plani-altimétrico, calculando-se, após levantamento posterior e desenho das secções, o volume demolido. A remuneração se dará pelo volume de rocha demolido, ou seja, por m^3 (metro cúbico).

II-1.6 *Carga do material proveniente da demolição:* O volume considerado para remuneração da carga, será aquele obtido da cubicagem da caçamba do caminhão, ou seja, por m^3 (metro cúbico).

II-1.7 *Transporte do material proveniente da demolição:* O volume será obtido através do processo utilizado para a carga, sendo a remuneração por m^3 × km (metro cúbico por quilômetro), da distância média, de ida e volta do local da demolição ao bota-fora, determinada pela fiscalização.

II-1.8 Escavação da terra, medida no corte

Esta etapa abrange a retirada do material inservível (de baixo CBR) até a cota determinada em projeto e carga do mesmo em caminhão basculante.

Equipamentos

Trator de lâmina D4-E ou similar
Pá carregadeira de pneus CAT 930 ou similar ou
Escavadeira equipada com Shovell ou similar
Carreta

Método de execução

Em função do tipo de solo, da profundidade de escavação da caixa, será determinado o equipamento mais adequado à execução do serviço, que poderá ser composto por escavadeira ou trator de lâmina e pá carregadeira. Será procedida a escavação até que se atinja as cotas determinadas em projeto. Todo material escavado, inservível, deverá ser removido para bota-fora.

Critério de medição e pagamento

Faz-se o levantamento plani-altimétrico antes e após a conclusão do serviço. O volume obtido através das secções será remunerado por m³ (métro cúbico).

II-1.9 Transporte de terra, medido no corte

Consiste na remoção do material inservível, para bota-fora, em local determinado pela fiscalização.

Equipamento

Caminhão basculante

Método de execução

Após a carga efetuada pela pá carregadeira de pneus ou escavadeira com Shovell, o caminhão tomará o caminho escolhido ou determinado pelas autoridades competentes, em função da proibição de tráfego de caminhões para determinadas vias, tomando ainda o cuidado de não sujar a via pública, até o bota-fora predeterminado.

Critério de medição e pagamento

A remuneração será efetuada em função do volume transportado, à distância média de ida e volta, até o bota-fora, sendo o volume considerado o medido no corte em m³ × km (metro cúbico por quilômetro).

II-1.10 Escavação de material turfoso, medida no corte

Consiste na remoção do material turfoso até a cota determinada em projeto e carga do mesmo, em caminhão basculante.

Equipamentos

Escavadeira Bucyrus-Erie com "dragline" ou similar
Carreta

Método de execução

Em determinadas circunstâncias terá que ser efetuado aterro, com material importado, para permitir a escavadeira chegar ao local de trabalho e também o acesso dos caminhões basculantes, para a carga. O aterro executado para esta finalidade será pago através dos itens próprios.

Critério de medição e pagamento

Faz-se o levantamento plani-altimétrico. Após a conclusão da escavação, faz-se o levantamento altimétrico para desenho das secções e cálculo do volume de turfa escavada em m³ (metro cúbico).

II-1.11 Transporte do material turfoso, medido no corte

Consiste na remoção do material escavado para bota-fora em local determinado pela fiscalização.

Equipamento

Caminhão basculante

Método de execução

Após a carga efetuada pela escavadeira, com "dragline", o caminhão tomará o caminho escolhido ou determinado pelas autoridades competentes, em função da proibição de tráfego de caminhões para determinadas vias, tomando ainda o cuidado de não sujar a via pública, até o bota-fora predeterminado.

Critério de medição e pagamento

A remuneração será efetuada em função do volume transportado, à distância média de ida e volta, até o bota-fora, sendo o volume considerado o medido no corte em $m^3 \times km$ (metro cúbico por quilômetro).

II-1.12 Espalhamento no bota-fora

No local determinado pela fiscalização para bota-fora, o material depositado será espalhado, proporcionando com isso aumento da capacidade de recepção de solo inservível.

Equipamentos

Trator de lâmina D4-E ou similar
Carreta

Método de execução

Após regularização do local de bota-fora, os caminhões depositarão o material inservível, que será espalhado em camadas paralelas.

Critério de medição e pagamento

Do volume de escavação, considerado inservível, transportado e depositado no bota-fora, a remuneração deste item se fará por m^3 (metro cúbico) espalhado.

II-1.13 Regularização do fundo de caixa

O subleito do fundo da caixa sobre o qual será executado a sub-base de solo importado deverá estar nivelada, para que se proceda o início do serviço de aterro.

Equipamentos

Trator de lâmina D4-E ou similar ou

Motoniveladora CAT 120 B ou similar
Carreta

Método de execução

Nivelamento do solo com a passagem da lâmina do equipamento sobre o material solto, irregular, formando uma superfície regular.

Critério de medição e pagamento

Do levantamento planimétrico calcula-se a área do fundo de caixa que foi objeto de regularização. A remuneração será por m² (metro quadrado) executado.

II-1.14 Escavação e fornecimento de terra, medida no aterro compactado

Após a localização da jazida, que atenda as características determinadas em projeto, quais sejam: uniformidade, homogeneidade, CBR e I.G. iguais ou superiores às previstas no pavimento e após a execução dos serviços de limpeza e raspagem, caso necessário, dar-se-á o início aos serviços de escavação e transporte do material para o local onde o mesmo será aplicado.

Equipamentos

Trator de lâmina D4-E ou similar
Pá carregadeira de pneus CAT 930 ou similar
Carreta

Método de execução

A quantidade de material a ser escavado será em função do volume determinado em projeto, a fim de se atingir a cota prevista.

Critério de medição e pagamento

A remuneração será efetuada pelo valor obtido das secções do aterro e por m³ (metro cúbico).

II-1.15 Transporte de terra, medido no aterro compactado

Consiste no deslocamento do material escavado, na jazida, ao local de utilização, na obra.

Equipamento

Caminhão basculante

Método de execução

Após a carga efetuada pelo equipamento de corte, o caminhão tomará o caminho escolhido ou determinado pelas autoridades competentes, em função da proibição de tráfego de caminhões para determinadas vias, tomando ainda o cuidado de não sujar a via pública, até o local de descarga.

Critério de medição e pagamento

A remuneração será efetuada em função do volume transportado à distância média de ida e volta, até o local de utilização, sendo o volume considerado o medido no aterro compactado em $m^3 \times km$ (metro cúbico por quilômetro).

II-1.16 Compactação de terra, medida no aterro

Consiste no espalhamento, homogeneização, umidificação e compactação do solo até que se atinja uma densidade aparente seca, não inferior a 100% da densidade máxima determinada no ensaio de compactação, de conformidade com o ME-7.

Equipamentos

Motoniveladora CAT 120 B ou similar
Caminhão irrigador (pipa)
Rolo compactador (cujo modelo será determinado em função do tipo de solo: CA15A, CA15P, CA25PD, de pneus SP 8.000) ou similar
Trator de lâmina D6-C CAT ou similar
Trator de pneus com grade ou pulvimixer
Carreta

Método de execução

O material importado será distribuído uniformemente sobre o fundo de caixa, devendo ser destorroado nos casos de correção de umidade, até que pelo menos 60% do total em peso, excluído o material graúdo, passe na peneira n.° 4 (4,8 mm).

Caso o teor de umidade do material destorroado seja superior em 1% ao teor ótimo determinado pelo ensaio de compactação, executado de acordo com o método ME-9, proceder-se-á a aeração do mesmo com equipamento adequado, até reduzi-lo àquele limite.

Se o teor de umidade do solo destorroado for inferior em mais de 1% ao teor ótimo de umidade acima referido, será procedida a irrigação até alcançar aquele valor.

Concomitantemente com a irrigação, deverá ser executada a homogeneização do material, a fim de garantir uniformidade de umidade.

O material umedecido e homogeneizado será distribuído de forma regular e uniforme em toda a largura do leito, de tal forma que, após a compactação, sua espessura não exceda a 15 cm.

A execução de camadas com espessura superior a 15cm, só será permitida pela fiscalização com o emprego de equipamento adequado, de modo a garantir a uniformidade do grau de compactação em toda a profundidade da camada.

A compactação deverá progredir das bordas para o centro da faixa nos trechos retos e da borda mais baixa para a mais alta nas curvas, paralelamente ao eixo da caixa a ser pavimentada.

O controle da execução terá o seguinte procedimento:

- Far-se-á uma determinação do grau de compactação em cada 400 m² de área compactada, com um mínimo de três determinações para cada trecho. A média dos valores obtidos deverá ser igual ou superior a 100% da densidade máxima determinada pelo ensaio ME-7, não sendo permitidos valores inferiores a 95% em pontos isolados;

- As verificações das densidades aparentes secas alcançadas na sub-base serão executadas de acordo com os métodos ME-12, ME-13 ou ME-14;

- Os trechos da sub-base que não se apresentarem devidamente compactados de acordo com o citado anteriormente, deverão ser escarificados e os materiais pulverizados, convenientemente misturados e recompactados.

Critério de medição e pagamento

A compactação será remunerada pelo valor obtido das secções do aterro e por m³ (metro cúbico).

II-1.17 Preparo do subleito

Ou regularização e compactação do subleito, consiste nos serviços necessários a que o mesmo assuma a forma definida pelos alinhamentos, perfis, dimensões e secção transversal típica, contida no projeto e para que o mesmo fique em condições de receber o pavimento projetado.

Equipamentos

    Motoniveladora CAT 120 B ou similar
    Caminhão irrigador (pipa)
    Rolo compressor (CA15A, CA15P, CA25PD, pneus SP 8.000) ou similar
    Trator de pneus com grade ou pulvimixer
    Carreta

Método de execução

- Conformação do subleito, através de regularização, ao projeto com motoniveladora:
- Compactação, obedecendo as seguintes operações:
  - Determinação da densidade máxima aparente seca e da umidade ótima do material a ser compactado, obtidas em ensaios de laboratório, de conformidade com o ME-7;
  - Escarificação do material do subleito, pulverização, mistura e umedecimento, de tal maneira que se consiga uma distribuição tão uniforme quanto possível da umidade;
  - Compactação do material, mediante equipamento adequado;
  - Controle da densidade aparente seca alcançada, de acordo com os métodos ME-12, ME-13 ou ME-14, a fim de comprovar se o material foi devidamente compactado;
  - Se o subleito se encontrar pouco compacto, deverá ser escarificada a camada superficial na profundidade de 15 cm e em seguida compactada até se obter uma densidade máxima aparente do solo seco, em média, não inferior a 100% da correspondente, determinada nos ensaios de compactação de conformidade com o ME-7;
  - Os serviços de compactação deverão progredir no sentido das bordas para o eixo da via;
  - Nos lugares inacessíveis aos rolos compressores, ou onde não for recomendado o seu emprego, a compressão deverá ser feita por meio de soquetes ou outro processo que se adeqüe ao caso.
- Nova regularização com motoniveladora será efetuada e devidamente comprimida, com equipamento adequado, até que se apresente lisa e isenta de partes soltas ou sulcadas.
- As cotas de projeto do eixo longitudinal do leito, tomando-se como referência os níveis das guias, não deverão apresentar variações superiores a 1,5 cm.
- As cotas de projeto das bordas das secções transversais do leito, tomando-se como referência os níveis das bordas externas das sarjetas, não deverão apresentar variações superiores a 1 cm.
- O subleito deverá ser mantido nas condições de recebimento especificadas nesta instrução, até que se inicie a execução da camada subseqüente.

Critério de medição e pagamento

A remuneração se fará em função da área executada para preparo do subleito em m² (metro quadrado).

II.2 Relação de salários sem leis sociais e sem B.D.I.

Data base:

Função	Salário/h
Auxiliar de cabo de fogo	
Cabo de fogo	
Motorista de caminhão basculante	
Motorista de caminhão de carroceria de madeira	
Motorista de caminhão irrigador (pipa)	
Motorista de carreta	
Operador de carregadeira de pneus	
Operador de compressor de ar	
Operador de escavadeira com "*dragline*"	
Operador de escavadeira com "*shovel*"	
Operador de motoniveladora	
Operador de rolo compactador de pneus	
Operador de rolo pé-de-carneiro	
Operador de trator de esteira	
Operador de trator de pneus	
Servente	

II-3 Relação de custo de aquisição de materiais sem B.D.I.

Data base:

Material	Custo
Dinamite (Tovex: 1" x 24")	
Mantopim hidráulico	
Óleo diesel	
Pneus p/caminhão basculante F-14.000/caminhão irrigador (pipa) dianteiro: 9,00 x 20 - 10 trazeiro: 10,00 x 20 - 14	
Pneus p/caminhão com carroceria de madeira F-22.000 dianteiro: 9,00 x 20 - 10 trazeiro: 10,00 x 20 - 16	
Pneus de carregadeira de pneus CAT 930 17,50 x 25 - 12 (tipo L3 s/câmara)	
Pneus para cavalo mecânico Volvo N10II Turbo 11,00 x 22 - 14	
Pneus para prancha Trivellato 25/35 t 11,00 x 22 - 16	
Pneus para compressor de ar XAS80 Atlas Copco 7,00 x 16 - 10	
Pneus para escavadeira Poclain 80P com "*SHOVEL*" 10,00 x 24 - 10	
Pneus para motoniveladora CAT 120B 13,00 x 24 - 8	
Pneus para rolo compactador de pneus SP-8.000 Tema-Terra 11,00 x 20 - 18	
Pneus para rolo pé-de-carneiro CA-15P Dynapac 14,00 x 24 x 10	
Pneus para trator CBT 2105 dianteiro: 7,50 x 18 - 6 trazeiro: 18,4/15 x 34 - 6	

II-4 Relação de custo de aquisição de equipamentos, inclusive acessórios e pneus sem B.D.I.

Data base:

Equipamento	Custo
Caminhão basculante Ford F-14.000, com caçamba de 6,00 m^3, Randon, de 1 pistão	
Caminhão de carroceria de madeira Ford F-22.000, de 7 m de comprimento (chassi médio)	
Caminhão irrigador (pipa) Ford F-14.000, com tanque de 6.000 l, Almeida, com motor e bomba	
Pá carregadeira de pneus Caterpillar 930	
Cavalo mecânico Volvo N10II turbo e prancha Trivellato 25/35 t (carrega-tudo)	
Compressor de ar XAS80 Atlas Copco	
Escavadeira Bucyrus-Erie 22B, equipada com *dragline*	
Escavadeira Poclain 80P, equipada com *SHOVEL*	
Motoniveladora Caterpillar 120 B	
Rolo de pneus de pressão variável Tema-Terra SP-8.000	
Rolo pé-de-carneiro vbratório, autopropelido, Dynapac CA-15P	
Trator de esteira Caterpillar D4-E	
Trator de esteira Caterpillar D6-C	
Trator de pneus CBT 2105	

II-5 Composições de custos horários

II-5.1 Composição de custo horário

EQUIPAMENTO	*Caminhão basculante*		
MODELO ADOTADO	*Ford 14.000 - Caçamba 6,00 m³ Randon, 1 pistão ou similar*		
VALOR DE REPOSIÇÃO NA DATA BÁSICA, INCLUSIVE ACESSÓRIOS E PNEUS		V = R$	
VALOR RESIDUAL DE VENDA, APÓS A VIDA ÚTIL (20%)		R = R$	
VIDA ÚTIL EM HORAS h = 10.000	VIDA ÚTIL EM ANOS	N = 5,00	
TAXA ANUAL DE JUROS i = %	COEFICIENTE DE MANUTENÇÃO	K = 1,20	

ITEM	CÁLCULO DOS COMPONENTES		CUSTO TOTAL R$
1	DEPRECIAÇÃO	$D = \dfrac{V-R}{h}$	
2	JUROS	$J = \dfrac{V \cdot (N+1) \cdot i}{4.000 \cdot N}$	
3	MANUTENÇÃO	$M = K \cdot \dfrac{V-R}{h}$	
4	COMBUSTÍVEL	8,45 litros x R$ /Litro	
5	LUBRIFICANTES, FILTROS E GRAXAS	7,96% x custo total 4	
6	MOTORISTA, INCLUSIVE LEIS SOCIAIS	1,00 hora x R$ /hora	
7	OUTROS (DISCRIMINAR) 2 pneus: 4 pneus:	9,00×20-10:0,00225×R$ /pneu 10,00×20-14:0,00225×R$ /pneu	
8	LICENCIAMENTO	0,5% (1+2+3+4+5+6+7)	

CUSTO HORÁRIO TOTAL EM OPERAÇÃO	(OP) = 1+2+3+4+5+6+7+8 =		
CUSTO HORÁRIO TOTAL À DISPOSIÇÃO	(DMP) = 1+2+3+6+8 =		
CUSTOS HORÁRIOS TOTAIS ADOTADOS	(OP) =	(DMP) =	
COMPOSIÇÃO DE CUSTO HORÁRIO DE EQUIPAMENTO	DATA BÁSICA: / /		CÓDIGO

II-5.2 Composição de custo horário

EQUIPAMENTO	*Caminhão carroceria de madeira*		
MODELO ADOTADO	*Ford 22.000- 7,00 m (chassi médio) ou similar*		
VALOR DE REPOSIÇÃO NA DATA BÁSICA, INCLUSIVE ACESSÓRIOS E PNEUS			V = R$
VALOR RESIDUAL DE VENDA, APÓS A VIDA ÚTIL (20%)			R = R$
VIDA ÚTIL EM HORAS h = 10.000	VIDA ÚTIL EM ANOS		N = 5,00
TAXA ANUAL DE JUROS i = %	COEFICIENTE DE MANUTENÇÃO		K = 1,20

ITEM	CÁLCULO DOS COMPONENTES		CUSTO TOTAL R$
1	DEPRECIAÇÃO	$D = \dfrac{V-R}{h}$	
2	JUROS	$J = \dfrac{V \cdot (N+1) \cdot i}{4.000 \cdot N}$	
3	MANUTENÇÃO	$M = K \cdot \dfrac{V-R}{h}$	
4	COMBUSTÍVEL	8,45 litros xR$ /Litro	
5	LUBRIFICANTES, FILTROS E GRAXAS	7,96% x custo total 4	
6	MOTORISTA + AJUDANTE, INCLUSIVE LEIS SOCIAIS	1,00 hora x R$ /hora	
7	OUTROS (DISCRIMINAR) 2 pneus: 8 pneus:	9,00×20-14:0,00225×R$ / pneu 10,00×20-16:0,00225×R$ / pneu	
8	LICENCIAMENTO	0,5% (1+2+3+4+5+6+7)	

CUSTO HORÁRIO TOTAL EM OPERAÇÃO	(OP) = 1+2+3+4+5+6+7+8 =		
CUSTO HORÁRIO TOTAL À DISPOSIÇÃO	(DMP) = 1+2+3+6+8 =		
CUSTOS HORÁRIOS TOTAIS ADOTADOS	(OP) =	(DMP)=	
COMPOSIÇÃO DE CUSTO HORÁRIO DE EQUIPAMENTO	DATA BÁSICA : / /		CÓDIGO

II-5.3 Composição de custo horário

EQUIPAMENTO	*Caminhão irrigador (pipa)*		
MODELO ADOTADO	*Ford 14.000 - Tanque 6.000 l com motor/bomba ou similar*		
VALOR DE REPOSIÇÃO NA DATA BÁSICA, INCLUSIVE ACESSÓRIOS E PNEUS		V = R$	
VALOR RESIDUAL DE VENDA, APÓS A VIDA ÚTIL (20%)		R = R$	
VIDA ÚTIL EM HORAS h = 10.000	VIDA ÚTIL EM ANOS	N = 5,00	
TAXA ANUAL DE JUROS i = %	COEFICIENTE DE MANUTENÇÃO	K = 1,20	

ITEM	CÁLCULO DOS COMPONENTES		CUSTO TOTAL R$
1	DEPRECIAÇÃO	$D = \dfrac{V-R}{h}$	
2	JUROS	$J = \dfrac{V \cdot (N+1) \cdot i}{4.000 \cdot N}$	
3	MANUTENÇÃO	$M = K \cdot \dfrac{V-R}{h}$	
4	COMBUSTÍVEL	8,45 litros xR$ /Litro	
5	LUBRIFICANTES, FILTROS E GRAXAS	7,96% x custo total 4	
6	MOTORISTA+ AJUDANTE, INCLUSIVE LEIS SOCIAIS	1,00 hora x R$ /hora	
7	OUTROS (DISCRIMINAR) 2 pneus: 4 pneus:	9,00×20-10:0,00225×R$ /pneu 10,00×20-14:0,00225×R$ /pneu	
8	LICENCIAMENTO	0,5% (1+2+3+4+5+6+7)	

CUSTO HORÁRIO TOTAL EM OPERAÇÃO	(OP) = 1+2+3+4+5+6+7+8 =		
CUSTO HORÁRIO TOTAL À DISPOSIÇÃO	(DMP) = 1+2+3+6+8 =		
CUSTOS HORÁRIOS TOTAIS ADOTADOS	(OP) =	(DMP)=	
COMPOSIÇÃO DE CUSTO HORÁRIO DE EQUIPAMENTO	DATA BÁSICA : / /		CÓDIGO

II-5.4 Composição de custo horário

EQUIPAMENTO	*Pá carregadeira de pneus (100 HP)*		
MODELO ADOTADO	*Caterpillar 930 ou similar*		
VALOR DE REPOSIÇÃO NA DATA BÁSICA, INCLUSIVE ACESSÓRIOS E PNEUS			V = R$
VALOR RESIDUAL DE VENDA, APÓS A VIDA ÚTIL (20%)			R = R$
VIDA ÚTIL EM HORAS h = 10.000	VIDA ÚTIL EM ANOS		N = 5,00
TAXA ANUAL DE JUROS i = %	COEFICIENTE DE MANUTENÇÃO		K = 1,20

ITEM	CÁLCULO DOS COMPONENTES		CUSTO TOTAL R$
1	DEPRECIAÇÃO	$D = \dfrac{V-R}{h}$	
2	JUROS	$J = \dfrac{V \cdot (N+1) \cdot i}{4.000 \cdot N}$	
3	MANUTENÇÃO	$M = K \cdot \dfrac{V-R}{h}$	
4	COMBUSTÍVEL	15,00 litros x R$ /Litro	
5	LUBRIFICANTES, FILTROS E GRAXAS	7,00% x custo total 4	
6	OPERADOR, INCLUSIVE LEIS SOCIAIS	1,00 hora x R$ /hora	
7	OUTROS (DISCRIMINAR) 4 pneus: 17,50×25-12: tipo L3 - sem câmara 0,0022×R$ /pneu		

CUSTO HORÁRIO TOTAL EM OPERAÇÃO	(OP) = 1+2+3+4+5+6+7 =		
CUSTO HORÁRIO TOTAL À DISPOSIÇÃO	(DMP) = 1+2+3+6 =		
CUSTOS HORÁRIOS TOTAIS ADOTADOS	(OP) =	(DMP) =	
COMPOSIÇÃO DE CUSTO HORÁRIO DE EQUIPAMENTO	DATA BÁSICA : / /		CÓDIGO

II-5.5 Composição de custo horário

EQUIPAMENTO	*Carreta*		
MODELO ADOTADO	*Cavalo mecânico Volvo N10II, Turbo prancha Trivelatto 25/35 t ou similar*		
VALOR DE REPOSIÇÃO NA DATA BÁSICA, INCLUSIVE ACESSÓRIOS E PNEUS		V = R$	
VALOR RESIDUAL DE VENDA, APÓS A VIDA ÚTIL (20%)		R = R$	
VIDA ÚTIL EM HORAS h = 10.000	VIDA ÚTIL EM ANOS	N = 5,00	
TAXA ANUAL DE JUROS i = %	COEFICIENTE DE MANUTENÇÃO	K = 1,20	

ITEM	CÁLCULO DOS COMPONENTES		CUSTO TOTAL R$
1	DEPRECIAÇÃO	$D = \dfrac{V-R}{h}$	
2	JUROS	$J = \dfrac{V \cdot (N+1) \cdot i}{4.000 \cdot N}$	
3	MANUTENÇÃO	$M = K \cdot \dfrac{V-R}{h}$	
4	COMBUSTÍVEL	18,00 litros x R$ /Litro	
5	LUBRIFICANTES, FILTROS E GRAXAS	7,96% x custo total 4	
6	MOTORISTA+AJUDANTE, INCLUSIVE LEIS SOCIAIS	1,00 hora x R$ /hora	
7	OUTROS (DISCRIMINAR) 6 pneus: 11,00×22-14:0,01825×R$ /pneu 12 pneus: 11,00×22-16:0,01825×R$ /pneu		
8	LICENCIAMENTO	0,5% (1+2+3+4+5+6+7)	

CUSTO HORÁRIO TOTAL EM OPERAÇÃO	(OP) = 1+2+3+4+5+6+7+8 =		
CUSTO HORÁRIO TOTAL À DISPOSIÇÃO	(DMP) = 1+2+3+6+8 =		
CUSTOS HORÁRIOS TOTAIS ADOTADOS	(OP) =	(DMP) =	
COMPOSIÇÃO DE CUSTO HORÁRIO DE EQUIPAMENTO	DATA BÁSICA : / /		CÓDIGO

II-5.6 Composição de custo horário

EQUIPAMENTO	*Compressor de ar (80 HP)*		
MODELO ADOTADO	*XAS80 Atlas Copco ou similar*		
VALOR DE REPOSIÇÃO NA DATA BÁSICA, INCLUSIVE ACESSÓRIOS E PNEUS		V = R$	
VALOR RESIDUAL DE VENDA, APÓS A VIDA ÚTIL (20%)		R = R$	
VIDA ÚTIL EM HORAS h = 10.000	VIDA ÚTIL EM ANOS	N = 5,00	
TAXA ANUAL DE JUROS i = %	COEFICIENTE DE MANUTENÇÃO	K = 1,20	
ITEM	CÁLCULO DOS COMPONENTES		CUSTO TOTAL R$
1	DEPRECIAÇÃO	$D = \dfrac{V-R}{h}$	
2	JUROS	$J = \dfrac{V \cdot (N+1) \cdot i}{4.000 \cdot N}$	
3	MANUTENÇÃO	$M = K \cdot \dfrac{V-R}{h}$	
4	COMBUSTÍVEL	12,00 litros x R$ /Litro	
5	LUBRIFICANTES, FILTROS E GRAXAS	7,00% x custo total 4	
6	OPERADOR, INCLUSIVE LEIS SOCIAIS	1,00 hora x R$ /hora	
7	OUTROS (DISCRIMINAR) 2 pneus: 7,00×16-10:0,00110×R$ /pneu		
CUSTO HORÁRIO TOTAL EM OPERAÇÃO	(OP) = 1+2+3+4+5+6+7 =		
CUSTO HORÁRIO TOTAL À DISPOSIÇÃO	(DMP) = 1+2+3+6 =		
CUSTOS HORÁRIOS TOTAIS ADOTADOS	(OP) =	(DMP) =	
COMPOSIÇÃO DE CUSTO HORÁRIO DE EQUIPAMENTO	DATA BÁSICA : / /	CÓDIGO	

II-5.7 Composição de custo horário

EQUIPAMENTO	*Escavadeira equipada com "dragline" (72 HP)*		
MODELO ADOTADO	*Bucyrus-Erie 22 B ou similar*		
VALOR DE REPOSIÇÃO NA DATA BÁSICA, INCLUSIVE ACESSÓRIOS E PNEUS		V = R$	
VALOR RESIDUAL DE VENDA, APÓS A VIDA ÚTIL (20%)		R = R$	
VIDA ÚTIL EM HORAS h = 12.000	VIDA ÚTIL EM ANOS	N = 6,00	
TAXA ANUAL DE JUROS i = %	COEFICIENTE DE MANUTENÇÃO	K = 1,20	

ITEM		CÁLCULO DOS COMPONENTES	CUSTO TOTAL R$
1	DEPRECIAÇÃO	$D = \dfrac{V-R}{h}$	
2	JUROS	$J = \dfrac{V \cdot (N+1) \cdot i}{4.000 \cdot N}$	
3	MANUTENÇÃO	$M = K \cdot \dfrac{V-R}{h}$	
4	COMBUSTÍVEL	10,80 litros x R$ /Litro	
5	LUBRIFICANTES, FILTROS E GRAXAS	7,00% x custo total 4	
6	OPERADOR + AJUDANTE, INCLUSIVE LEIS SOCIAIS	1,00 hora x R$ /hora	
7	OUTROS (DISCRIMINAR)		

CUSTO HORÁRIO TOTAL EM OPERAÇÃO	(OP) = 1+2+3+4+5+6 =	
CUSTO HORÁRIO TOTAL À DISPOSIÇÃO	(DMP) = 1+2+3+6 =	
CUSTOS HORÁRIOS TOTAIS ADOTADOS	(OP) =	(DMP) =
COMPOSIÇÃO DE CUSTO HORÁRIO DE EQUIPAMENTO	DATA BÁSICA: / /	CÓDIGO

II-5.8 Composição de custo horário

EQUIPAMENTO	*Escavadeira equipada com "SHOVEL" (94 HP)*		
MODELO ADOTADO	*80 P Poclain ou similar*		
VALOR DE REPOSIÇÃO NA DATA BÁSICA, INCLUSIVE ACESSÓRIOS E PNEUS			V = R$
VALOR RESIDUAL DE VENDA, APÓS A VIDA ÚTIL (20%)			R = R$
VIDA ÚTIL EM HORAS h = 10.000	VIDA ÚTIL EM ANOS		N = 5,00
TAXA ANUAL DE JUROS i = %	COEFICIENTE DE MANUTENÇÃO		K = 1,20

ITEM		CÁLCULO DOS COMPONENTES	CUSTO TOTAL R$
1	DEPRECIAÇÃO	$D = \dfrac{V-R}{h}$	
2	JUROS	$J = \dfrac{V \cdot (N+1) \cdot i}{4.000 \cdot N}$	
3	MANUTENÇÃO	$M = K \cdot \dfrac{V-R}{h}$	
4	COMBUSTÍVEL	14,10 litros x R$ /Litro	
5	LUBRIFICANTES, FILTROS E GRAXAS	7,00% x custo total 4	
6	OPERADOR, INCLUSIVE LEIS SOCIAIS	1,00 hora x R$ /hora	
7	OUTROS (DISCRIMINAR) 8 pneus:	10,00×24-10:0,00011×R$ /pneu	

CUSTO HORÁRIO TOTAL EM OPERAÇÃO	(OP) = 1+2+3+4+5+6+7 =		
CUSTO HORÁRIO TOTAL À DISPOSIÇÃO	(DMP) = 1+2+3+6 =		
CUSTOS HORÁRIOS TOTAIS ADOTADOS	(OP) =	(DMP)=	
COMPOSIÇÃO DE CUSTO HORÁRIO DE EQUIPAMENTO	DATA BÁSICA: / /		CÓDIGO

II-5.9 Composição de custo horário

EQUIPAMENTO	*Motoniveladora (126,7 HP)*		
MODELO ADOTADO	*Caterpillar 120B ou similar*		
VALOR DE REPOSIÇÃO NA DATA BÁSICA, INCLUSIVE ACESSÓRIOS E PNEUS			V = R$
VALOR RESIDUAL DE VENDA, APÓS A VIDA ÚTIL (20%)			R = R$
VIDA ÚTIL EM HORAS h = 10.000	VIDA ÚTIL EM ANOS		N = 5,00
TAXA ANUAL DE JUROS i = %	COEFICIENTE DE MANUTENÇÃO		K = 1,20

ITEM	CÁLCULO DOS COMPONENTES	CUSTO TOTAL R$
1	DEPRECIAÇÃO $D = \dfrac{V-R}{h}$	
2	JUROS $J = \dfrac{V \cdot (N+1) \cdot i}{4.000 \cdot N}$	
3	MANUTENÇÃO $M = K \cdot \dfrac{V-R}{h}$	
4	COMBUSTÍVEL — 19,00 litros x R$ /Litro	
5	LUBRIFICANTES, FILTROS E GRAXAS — 7,00% x custo total 4	
6	OPERADOR, INCLUSIVE LEIS SOCIAIS — 1,00 hora x R$ /hora	
7	OUTROS (DISCRIMINAR) 6 pneus: 13,00×24-8:0,00190×R$ /pneu	

CUSTO HORÁRIO TOTAL EM OPERAÇÃO	(OP) = 1+2+3+4+5+6+7 =	
CUSTO HORÁRIO TOTAL À DISPOSIÇÃO	(DMP) = 1+2+3+6 =	
CUSTOS HORÁRIOS TOTAIS ADOTADOS	(OP) =	(DMP) =
COMPOSIÇÃO DE CUSTO HORÁRIO DE EQUIPAMENTO	DATA BÁSICA : / /	CÓDIGO

II-5.10 Composição de custo horário

EQUIPAMENTO	*Rolo de pneus de pressão variável (108 HP)*		
MODELO ADOTADO	*Tema-Terra SP-8.000 ou similar*		
VALOR DE REPOSIÇÃO NA DATA BÁSICA, INCLUSIVE ACESSÓRIOS E PNEUS			V = R$
VALOR RESIDUAL DE VENDA, APÓS A VIDA ÚTIL (20%)			R = R$
VIDA ÚTIL EM HORAS h = 12.000		VIDA ÚTIL EM ANOS	N = 6,00
TAXA ANUAL DE JUROS i = %		COEFICIENTE DE MANUTENÇÃO	K = 1,20
ITEM	CÁLCULO DOS COMPONENTES		CUSTO TOTAL R$
1 DEPRECIAÇÃO	$D = \dfrac{V-R}{h}$		
2 JUROS	$J = \dfrac{V \cdot (N+1) \cdot i}{4.000 \cdot N}$		
3 MANUTENÇÃO	$M = K \cdot \dfrac{V-R}{h}$		
4 COMBUSTÍVEL	16,20 litros x R$ /Litro		
5 LUBRIFICANTES, FILTROS E GRAXAS	7,00% x custo total 4		
6 OPERADOR, INCLUSIVE LEIS SOCIAIS	1,00 hora x R$ /hora		
7 OUTROS (DISCRIMINAR) 7 pneus:	11,00×20-18:0,00385×R$ /pneu		
CUSTO HORÁRIO TOTAL EM OPERAÇÃO	(OP) = 1+2+3+4+5+6+7 =		
CUSTO HORÁRIO TOTAL À DISPOSIÇÃO	(DMP) = 1+2+3+6 =		
CUSTOS HORÁRIOS TOTAIS ADOTADOS	(OP) =	(DMP) =	
COMPOSIÇÃO DE CUSTO HORÁRIO DE EQUIPAMENTO		DATA BÁSICA : / /	CÓDIGO

II-5.11 Composição de custo horário

EQUIPAMENTO	*Rolo pé-de-carneiro vibratório auto-propelido (101 HP)*		
MODELO ADOTADO	*Dynapac CA-15P ou similar*		
VALOR DE REPOSIÇÃO NA DATA BÁSICA, INCLUSIVE ACESSÓRIOS E PNEUS		V = R$	
VALOR RESIDUAL DE VENDA, APÓS A VIDA ÚTIL (20%)		R = R$	
VIDA ÚTIL EM HORAS h = 12.000	VIDA ÚTIL EM ANOS	N = 6,00	
TAXA ANUAL DE JUROS i = %	COEFICIENTE DE MANUTENÇÃO	K = 1,20	

ITEM	CÁLCULO DOS COMPONENTES	CUSTO TOTAL R$
1	DEPRECIAÇÃO $D = \dfrac{V-R}{h}$	
2	JUROS $J = \dfrac{V \cdot (N+1) \cdot i}{4.000 \cdot N}$	
3	MANUTENÇÃO $M = K \cdot \dfrac{V-R}{h}$	
4	COMBUSTÍVEL 15,15 litros x R$ /Litro	
5	LUBRIFICANTES, FILTROS E GRAXAS 7,00% x custo total 4	
6	OPERADOR, INCLUSIVE LEIS SOCIAIS 1,00 hora x R$ /hora	
7	OUTROS (DISCRIMINAR) 2 pneus: 14,00×24-10:0,00110×R$ /pneu	

CUSTO HORÁRIO TOTAL EM OPERAÇÃO	(OP) = 1+2+3+4+5+6+7 =	
CUSTO HORÁRIO TOTAL À DISPOSIÇÃO	(DMP) = 1+2+3+6 =	
CUSTOS HORÁRIOS TOTAIS ADOTADOS	(OP) =	(DMP) =
COMPOSIÇÃO DE CUSTO HORÁRIO DE EQUIPAMENTO	DATA BÁSICA : / /	CÓDIGO

II-5.12 Composição de custo horário

EQUIPAMENTO	*Trator de esteiras (80 HP)*		
MODELO ADOTADO	*Caterpillar D4-E ou similar*		
VALOR DE REPOSIÇÃO NA DATA BÁSICA, INCLUSIVE ACESSÓRIOS E PNEUS			V = R$
VALOR RESIDUAL DE VENDA, APÓS A VIDA ÚTIL (20%)			R = R$
VIDA ÚTIL EM HORAS h = 12.000		VIDA ÚTIL EM ANOS	N = 6,00
TAXA ANUAL DE JUROS i = %		COEFICIENTE DE MANUTENÇÃO	K = 1,20
ITEM	CÁLCULO DOS COMPONENTES		CUSTO TOTAL R$
1 DEPRECIAÇÃO	$D = \dfrac{V-R}{h}$		
2 JUROS	$J = \dfrac{V \cdot (N+1) \cdot i}{4.000 \cdot N}$		
3 MANUTENÇÃO	$M = K \cdot \dfrac{V-R}{h}$		
4 COMBUSTÍVEL	12,00 litros x R$ /Litro		
5 LUBRIFICANTES, FILTROS E GRAXAS	7,00% x custo total 4		
6 OPERADOR, INCLUSIVE LEIS SOCIAIS	1,00 hora x R$ /hora		
7 OUTROS (DISCRIMINAR)			
CUSTO HORÁRIO TOTAL EM OPERAÇÃO	(OP) = 1+2+3+4+5+6 =		
CUSTO HORÁRIO TOTAL À DISPOSIÇÃO	(DMP) = 1+2+3+6 =		
CUSTOS HORÁRIOS TOTAIS ADOTADOS	(OP) =	(DMP) =	
COMPOSIÇÃO DE CUSTO HORÁRIO DE EQUIPAMENTO		DATA BÁSICA: / /	CÓDIGO

II-5.13 Composição de custo horário

EQUIPAMENTO	*Trator de esteiras (155 HP)*		
MODELO ADOTADO	*Caterpillar D6-C ou similar*		
VALOR DE REPOSIÇÃO NA DATA BÁSICA, INCLUSIVE ACESSÓRIOS E PNEUS			V = R$
VALOR RESIDUAL DE VENDA, APÓS A VIDA ÚTIL (20%)			R = R$
VIDA ÚTIL EM HORAS h = 12.000	VIDA ÚTIL EM ANOS		N = 6,00
TAXA ANUAL DE JUROS i = %	COEFICIENTE DE MANUTENÇÃO		K = 1,20

ITEM	CÁLCULO DOS COMPONENTES		CUSTO TOTAL R$
1	DEPRECIAÇÃO	$D = \dfrac{V - R}{h}$	
2	JUROS	$J = \dfrac{V \cdot (N+1) \cdot i}{4.000 \cdot N}$	
3	MANUTENÇÃO	$M = K \cdot \dfrac{V - R}{h}$	
4	COMBUSTÍVEL	23,25 litros x R$ /Litro	
5	LUBRIFICANTES, FILTROS E GRAXAS	7,00% x custo total 4	
6	OPERADOR, INCLUSIVE LEIS SOCIAIS	1,00 hora x R$ /hora	
7	OUTROS (DISCRIMINAR)		

CUSTO HORÁRIO TOTAL EM OPERAÇÃO	(OP) = 1+2+3+4+5+6 =		
CUSTO HORÁRIO TOTAL À DISPOSIÇÃO	(DMP) = 1+2+3+6 =		
CUSTOS HORÁRIOS TOTAIS ADOTADOS	(OP) =	(DMP) =	
COMPOSIÇÃO DE CUSTO HORÁRIO DE EQUIPAMENTO		DATA BÁSICA : / /	CÓDIGO

II-5.14 Composição de custo horário

EQUIPAMENTO	*Trator de pneus (108 HP)*		
MODELO ADOTADO	*CBT 2105 ou similar*		
VALOR DE REPOSIÇÃO NA DATA BÁSICA, INCLUSIVE ACESSÓRIOS E PNEUS			V = R$
VALOR RESIDUAL DE VENDA, APÓS A VIDA ÚTIL (20%)			R = R$
VIDA ÚTIL EM HORAS h = 10.000		VIDA ÚTIL EM ANOS	N = 5,00
TAXA ANUAL DE JUROS i = %		COEFICIENTE DE MANUTENÇÃO	K = 1,20

ITEM	CÁLCULO DOS COMPONENTES		CUSTO TOTAL R$
1	DEPRECIAÇÃO	$D = \dfrac{V-R}{h}$	
2	JUROS	$J = \dfrac{V \cdot (N+1) \cdot i}{4.000 \cdot N}$	
3	MANUTENÇÃO	$M = K \cdot \dfrac{V-R}{h}$	
4	COMBUSTÍVEL	16,20 litros x R$ /Litro	
5	LUBRIFICANTES, FILTROS E GRAXAS	7,00% x custo total 4	
6	OPERADOR, INCLUSIVE LEIS SOCIAIS	1,00 hora x R$ /hora	
7	OUTROS (DISCRIMINAR) 2 pneus: 7,50 ×18-6:0,00095×R$ /pneu 2 pneus: 18,4/15×34-6:0,00095×R$ /pneu		

CUSTO HORÁRIO TOTAL EM OPERAÇÃO	(OP) = 1+2+3+4+5+6+7 =		
CUSTO HORÁRIO TOTAL À DISPOSIÇÃO	(DMP) = 1+2+3+6 =		
CUSTOS HORÁRIOS TOTAIS ADOTADOS	(OP) =	(DMP) =	
COMPOSIÇÃO DE CUSTO HORÁRIO DE EQUIPAMENTO	DATA BÁSICA: / /		CÓDIGO

II-6 Relação de custo horário de equipamentos sem B.D.I.

Data base:

Equipamento	Custo horário
Caminhão basculante Ford F-14.000, com caçamba de 6,00 m³, Randon, de 1 pistão	
Camnhão de carroceria de madeira Ford F-22.000, de 7 m de comprimento (chassi médio)	
Caminhão irrigador (pipa) Ford F-14.000, com tanque de 6.000 L, Almeida, com motor e bomba	
Pá carregadeira de pneus Caterpillar 930	
Cavalo mecânico Volvo N10II turbo e Prancha Trivellato 25/35 t (carrega-tudo)	
Compressor de ar XAS80 Atlas Copco	
Escavadeira Bucyrus-Erie 22B, equipada com "*dragline*"	
Escavadeira Poclain 80P, equipada com "*SHOVEL*"	
Motoniveladora Caterpillar 120 B	
Rolo de pneus de pressão variável Tema-Terra SP-8.000	
Rolo pé-de-carneiro vbratório, autopropelido, Dynapac CA-15P	
Trator de esteira Caterpillar D4-E	
Trator de esteira Caterpillar D6-C	
Trator de pneus CBT 2105	

II-7 Composições de preços unitários de serviços
II-7.1 Composição de preço unitário de serviço

ITEM II-7.1	CÓDIGO:			SERVIÇO : Limpeza do terreno, carga e transporte do material proveniente da limpeza até 5 km			UNIDADE m²
	Componentes	**Unid.**	**Coef.**	**Custo unitário**	\multicolumn{3}{c}{**Parcelas do custo unitário do serviço**}
					Mão-de-obra	Material	Equipamento
II	*Equipamento:*						
	Trator de esteira D4-E CAT	h	0,00060				
	Pá carregadeira 930 CAT	h	0,00060				
	Caminhão basculante F-14.000 6 m³	h	0,02103				
	Caminhão com carroceria de madeira F-22.000 - 7,00 m	h	0,00060				
	Carreta: cavalo mecânico Volvo N10II Turbo, prancha : Trivelatto 25/35 t	h	0,00005				
III	*Mão-de-obra:*						
	Servente	h	0,00060				
	Leis sociais	%	126,21000				

CADERNO DE ENCARGOS E SERVIÇOS	Custo unitário total	=
	BDI %	=
	Preço unitário	=
	Preço unitário adotado	=
VERIFICADO :	APROVADO:	DATA BÁSICA / /

II-7.2 Composição de preço unitário de serviço

ITEM II-7.2	CÓDIGO :	SERVIÇO : Raspagem				UNIDADE m²		
	Componentes	Unid.	Coef.	Custo unitário	\multicolumn{3}{c}{Parcelas do custo unitário do serviço}
					Mão-de-obra	Material	Equipamento
II	Equipamento: Trator de esteira D4-E CAT Carreta: cavalo mecânico Volvo N10II Turbo, prancha: Trivelatto 25/35 t	h h	0,00286 0,00011				

CADERNO DE ENCARGOS E SERVIÇOS	Custo unitário total	=
	BDI %	=
	Preço unitário	=
	Preço unitário adotado	=
VERIFICADO :	APROVADO:	DATA BÁSICA / /

II-7.3 Composição de preço unitário de serviço

ITEM II-7.3	CÓDIGO		SERVIÇO : Carga do material proveniente da raspagem			UNIDADE m³		
	Componentes	Unid.	Coef.	Custo unitário	Parcelas do custo unitário do serviço			
					Mão-de-obra	Material	Equipamento	
II	*Equipamento:* *Pá carregadeira 930 CAT* *Carreta: cavalo mecânico Volvo N10II Turbo, prancha:* *Trivelatto 25/35 t*	h h	0,01429 0,00056					

CADERNO DE ENCARGOS E SERVIÇOS	Custo unitário total	=	
	BDI %	=	
	Preço unitário	=	
	Preço unitário adotado	=	
VERIFICADO :	APROVADO:		DATA BÁSICA / /

II-7.4 Composição de preço unitário de serviço

ITEM II-7.4	CÓDIGO :		SERVIÇO : Transporte do material proveniente da raspagem				UNIDADE m³ X km	
	Componentes	Unid.	Coef.	Custo unitário	Parcelas do custo unitário do serviço			
					Mão-de-obra	Material	Equipamento
II	*Equipamento:* *Caminhão basculante F-14.000 6 m³*	*h*	*0,00717*				
III	*Mão-de-obra:* *Servente* *Leis sociais*	*h* *%*	*0,00717* *126,21000*				

CADERNO DE ENCARGOS E SERVIÇOS	Custo unitário total	=
	BDI %	=
	Preço unitário	=
	Preço unitário adotado	=
VERIFICADO :	APROVADO:	DATA BÁSICA / /

II-7.5 Composição de preço unitário de serviço

ITEM II-7.5	CÓDIGO :			SERVIÇO : Demolição de rocha			UNIDADE m³
	Componentes	**Unid.**	**Coef.**	**Custo unitário**	\multicolumn{3}{c}{**Parcelas do custo unitário do serviço**}
					Mão-de-obra	Material	Equipamento
I	*Material:*						
	Mantopim hidráulico	un	0,50000				
	Dinamite	kg	0,60000				
II	*Equipamento:*						
	Compressor de ar XAS80 Atlas Copco	h	0,37481				
	Caminhão com carroceria de madeira F-22.000 - 7,00 m	h	0,02953				
III	*Mão-de-obra:*						
	Auxiliar de cabo de fogo	h	0,58479				
	Cabo de fogo	h	0,29239				
	Leis sociais	%	126,21000				

CADERNO DE ENCARGOS E SERVIÇOS	Custo unitário total	=	
	BDI %	=	
	Preço unitário	=	
	Preço unitário adotado	=	
VERIFICADO :	APROVADO:		DATA BÁSICA / /

II-7.6 Composição de preço unitário de serviço

ITEM II-7.6	CÓDIGO :			SERVIÇO : Carga do material proveniente da demolição de rocha				UNIDADE m³
	Componentes	Unid.	Coef.	Custo unitário	Parcelas do custo unitário do serviço		
					Mão-de-obra	Material	Equipamento
II	*Equipamento:* *Pá carregadeira 930 CAT* *Carreta: cavalo mecânico Volvo N10II Turbo, prancha:* *Trivelatto 25/35 t*	h h	0,02143 0,00084				

CADERNO DE ENCARGOS E SERVIÇOS	Custo unitário total	=
	BDI %	=
	Preço unitário	=
	Preço unitário adotado	=
VERIFICADO :	APROVADO :	DATA BÁSICA / /

II-7.7 Composição de preço unitário de serviço

ITEM II-7.7	CÓDIGO :			SERVIÇO : Transporte do material proveniente da demolição de rocha			UNIDADE m³ X km
	Componentes	Unid.	Coef.	Custo unitário	\multicolumn{3}{c}{Parcelas do custo unitário do serviço}
					Mão-de-obra	Material	Equipamento
II	*Equipamento:* *Caminhão basculante F-14.000 6 m³*	*h*	*0,00861*				
III	*Mão-de-obra:* *Servente* *Leis sociais*	*h* *%*	*0,00861* *126,21000*				

CADERNO DE ENCARGOS E SERVIÇOS	Custo unitário total	=	
	BDI %	=	
	Preço unitário	=	
	Preço unitário adotado	=	
VERIFICADO :	APROVADO :		DATA BÁSICA / /

II-7.8 Composição de preço unitário de serviço

ITEM II-7.8	CÓDIGO :			SERVIÇO : Escavação de terra, medida no corte				UNIDADE m³
	Componentes	Unid.	Coef.	Custo unitário	\multicolumn{3}{c}{Parcelas do custo unitário do serviço}	
					Mão-de-obra	Material	Equipamento	
II	*Equipamento:* *Trator de esteira D4-E CAT*	*h*	*0,01429*					
	Pá carregadeira 930 CAT ou Escavadeira Poclain 80P com "shovel"	*h*	*0,01429*					
	Carreta: cavalo mecânico Volvo N10II Turbo, prancha: Trivelatto 25/35 t	*h*	*0,00113*					

CADERNO DE ENCARGOS E SERVIÇOS	Custo unitário total	=
	BDI %	=
	Preço unitário	=
	Preço unitário adotado	=
VERIFICADO :	APROVADO :	DATA BÁSICA / /

II-7.9 Composição de preço unitário de serviço

ITEM II-7.9	CÓDIGO ;			SERVIÇO : Transporte de terra, medido no corte			UNIDADE m³ X km
	Componentes	Unid.	Coef.	Custo unitário	Parcelas do custo unitário do serviço		
					Mão-de-obra	Material	Equipamento
II	Equipamento: Caminhão basculante F-14.000 6 m³	h	0,00574				
III	Mão-de-obra: Servente Leis sociais	h %	0,00574 126,21000				

CADERNO DE ENCARGOS E SERVIÇOS	Custo unitário total	=
	BDI %	=
	Preço unitário	=
	Preço unitário adotado	=
VERIFICADO :	APROVADO :	DATA BÁSICA / /

II-7.10 Composição de preço unitário de serviço

ITEM II-7.10	CÓDIGO:		SERVIÇO : Escavação de material turfoso, medida no corte				UNIDADE m³	
	Componentes	Unid.	Coef.	Custo unitário	\multicolumn{3}{c|}{Parcelas do custo unitário do serviço}	
					Mão-de-obra	Material	Equipamento	
II	*Equipamento:* *Escavadeira Bucyrus-Erie com "dragline" 22B* *Carreta: cavalo mecânico Volvo N10II Turbo, prancha: Trivelatto 25/35 t*	*h* *h*	*0,01429* *0,00113*					

CADERNO DE ENCARGOS E SERVIÇOS	Custo unitário total	=
	BDI %	=
	Preço unitário	=
	Preço unitário adotado	=
VERIFICADO :	APROVADO :	DATA BÁSICA / /

II-7.11 Composição de preço unitário de serviço

ITEM II-7.11	CÓDIGO:			SERVIÇO : Transporte de material turfoso, medido no corte			UNIDADE m³ X km
	Componentes	Unid.	Coef.	Custo unitário	Parcelas do custo unitário do serviço		
					Mão-de-obra	Material	Equipamento
II	*Equipamento:* *Caminhão basculante F-14.000 6 m³*	*h*	*0,01051*				
III	*Mão-de-obra:* *Servente* *Leis sociais*	*h* *%*	*0,01051* *126,21000*				

CADERNO DE ENCARGOS E SERVIÇOS	Custo unitário total	=
	BDI %	=
	Preço unitário	=
	Preço unitário adotado	=
VERIFICADO :	APROVADO :	DATA BÁSICA / /

II-7.12 Composição de preço unitário de serviço

ITEM II-7.12	CÓDIGO :			SERVIÇO : Espalhamento do material no bota fora			UNIDADE m³	
	Componentes	**Unid.**	**Coef.**	**Custo unitário**	**Parcelas do custo unitário do serviço**			
					Mão-de-obra	Material	Equipamento	
II	Equipamento: Trator de esteira D4-E CAT	h	0,02001					
	Carreta: cavalo mecânico Volvo N10II Turbo, prancha: Trivelatto 25/35 t	h	0,00080					
III	Mão-de-obra: Servente Leis sociais	h %	0,02001 126,21000					

CADERNO DE ENCARGOS E SERVIÇOS	Custo unitário total	=
	BDI %	=
	Preço unitário	=
	Preço unitário adotado	=
VERIFICADO :	APROVADO :	DATA BÁSICA / /

II-7.13 Composição de preço unitário de serviço

ITEM II-7.13	CÓDIGO:			SERVIÇO : Regularização de fundo de caixa			UNIDADE m²
	Componentes	Unid.	Coef.	Custo unitário	Parcelas do custo unitário do serviço		
					Mão-de-obra	Material	Equipamento
II	Equipamento: *Trator de esteira D4-E CAT ou Motoniveladora 120B CAT* *Carreta: cavalo mecânico Volvo N10II Turbo, prancha:* *Trivelatto 25/35 t*	*h* *h*	*0,00079* *0,00011*				

CADERNO DE ENCARGOS E SERVIÇOS	Custo unitário total	=
	BDI %	=
	Preço unitário	=
	Preço unitário adotado	=
VERIFICADO :	APROVADO :	DATA BÁSICA / /

II-7.14 Composição de preço unitário de serviço

ITEM II-7.14	CÓDIGO :			SERVIÇO : Escavação e fornecimento de terra, medido no aterro				UNIDADE m³
	Componentes	Unid.	Coef.	Custo unitário	Parcelas do custo unitário do serviço			
					Mão-de-obra	Material	Equipamento
II	Equipamento: Trator de esteira D4-E CAT Pá carregadeira 930 CAT Carreta: cavalo mecânico Volvo N10II Turbo, prancha: Trivelatto 25/35 t	h h h	0,01587 0,01587 0,00125				

		Custo unitário total	=
CADERNO DE ENCARGOS E SERVIÇOS		BDI %	=
		Preço unitário	=
		Preço unitário adotado	=
VERIFICADO :		APROVADO :	DATA BÁSICA / /

II-7.15 Composição de preço unitário de serviço

ITEM II-7.15	CÓDIGO :		SERVIÇO : Transporte de terra, medido no aterro			UNIDADE m³ X km		
	Componentes	Unid.	Coef.	Custo unitário	\multicolumn{3}{c}{Parcelas do custo unitário do serviço}
					Mão-de-obra	Material	Equipamento
II	*Equipamento:* *Caminhão basculante F-14.000* *6 m³*	*h*	*0,00821*				
III	*Mão-de-obra:* *Servente* *Leis sociais*	*h* *%*	*0,00821* *126,21000*				

CADERNO DE ENCARGOS E SERVIÇOS	Custo unitário total	=
	BDI %	=
	Preço unitário	=
	Preço unitário adotado	=
VERIFICADO :	APROVADO :	DATA BÁSICA / /

II-7.16 Composição de preço unitário de serviço

ITEM II-7.16	CÓDIGO :		SERVIÇO : Compactação de terra, medida no aterro compactado				UNIDADE m³	
						Custo unitário	Parcelas do custo unitário do serviço		
	Componentes		Unid.	Coef.		Mão-de-obra	Material	Equipamento
II	*Equipamento:*							
	Trator de esteira D6-C CAT		h	0,03330				
	Motoniveladora 120B CAT		h	0,00833				
	Rolo compactador de pneus SP-8000		h	0,03330				
	Rolo pé-de-carneiro CA-15P		h	0,03330				
	Caminhão irrigador F-14.000 e tanque 6000 l com motor e bomba		h	0,01665				
	Trator de Pneu CBT 2105		h	0,03300				
	Carreta: cavalo mecânico Volvo N10II Turbo, prancha: Trivelatto 25/35 t		h	0,00048				
III	*Mão-de-obra:*							
	Servente		h	0,03330				
	Leis sociais		%	126,21000				

CADERNO DE ENCARGOS E SERVIÇOS	Custo unitário total	=
	BDI %	=
	Preço unitário	=
	Preço unitário adotado	=
VERIFICADO :	APROVADO :	DATA BÁSICA / /

II-7.17 Composição de preço unitário de serviço

ITEM II-7.17	CÓDIGO:			SERVIÇO : Preparo do subleito		UNIDADE m²		
	Componentes	Unid.	Coef.	Custo unitário	Parcelas do custo unitário do serviço			
					Mão-de-obra	Material	Equipamento	
II	Equipamento:							
	Motoniveladora 120B CAT	h	0,00100					
	Rolo compactador de pneus SP-8000	h	0,00400					
	Rolo pé-de-carneiro CA-15P	h	0,00400					
	Caminhão irrigador F-14.000 e tanque 6000 l com motor e bomba	h	0,00200					
	Trator de pneus CBT 2105	h	0,00400					
	Carreta: cavalo mecânico Volvo N10II Turbo, prancha: Trivelatto 25/35 t	h	0,00001					
III	Mão-de-obra:							
	Servente	h	0,00400					
	Leis sociais	%	126,21000					

CADERNO DE ENCARGOS E SERVIÇOS	Custo unitário total	=
	BDI %	=
	Preço unitário	=
	Preço unitário adotado	=
VERIFICADO :	APROVADO :	DATA BÁSICA / /

Parte III

Pavimentação

III-1 Base de rachões (m³).
III-2 Base de concreto f_{ck} = 10,7 MPa para guias, sarjetas e sarjetões (m³).
III-3 Fornecimento e assentamento de guias de concreto, tipo P.M.S.P. "100" (m).
III-4 Construção de sarjeta ou sarjetão de concreto (m³).
III-5 Base de macadame hidráulico (m³).
III-6 Base de bica corrida (m³).
III-7 Base de brita graduada (usinada, sem transporte) (m³).
III-8 Base de macadame betuminoso (m³).
III-9 Base de concreto magro (m³).
III-10 Revestimento de pré-misturado à frio (sem transporte) (m³).
III-11 Binder, usinado à quente (sem transporte) (m³).
III-12 Imprimação impermeabilizante (m²).
III-13 Imprimação ligante (m²).
III-14 Revestimento com concreto asfáltico, faixa A (sem transporte) (m³).
III-15 Revestimento com concreto asfáltico, faixa B (sem transporte) (m³).
III-16 Revestimento com concreto asfáltico, faixa IV-B (sem transporte) (m³).
III-17 Revestimento com pré-misturado à quente (sem transporte) (m³).
III-18 Fresagem à frio (sem transporte) (m²).
III-19 Revestimento com reciclado (sem transporte) (m³).
III-20 Transporte de usinados e de material fresado (m³ × km).
III-21 Construção de pavimento de concreto aparente f_{ck} = 21,3 MPa (m³).
III-22 Pavimento de concreto por processo manual
III-23 Fornecimento e assentamento de paralelepípedos (m²).
III-24 Base de areia ou coxim de areia (m³).
III-25 Rejuntamento de paralelepípedos com areia ou pó de pedra (m²).
III-26 Rejuntamento de paralelepípedos com argamassa de cimento e areia no traço 1:3 (m²).
III-27 Rejuntamento de paralelepípedos com asfalto e pedrisco (m²).
III-28 Passeio de concreto f_{ck} = 16,3 MPa, inclusive preparo do subleito e lastro de brita (m³).
III-29 Passeio de mosaico português, inclusive lavagem com ácido e preparo do subleito (m²).
III-30 Passeio de ladrilho hidráulico, inclusive preparo do subleito (m²).
III-31 Tratamento de revestimento betuminoso com "ancorsfalt" (m²).
III-32 Revestimento com brita n.º 2, misturada a solo local (m²).
III-33 Plantio de grama em placas (Batatais:Paspalum notatum) inclusive acerto de terreno, compactação e cobertura com terra adubada (m²).

Descrição de serviços

III-1 Base de rachões

Consiste na substituição da sub-base de solo selecionado por rachões, tendo em vista algumas razões que passamos a enumerar:

- Redução de prazo contratual por razões políticas, sociais etc.;
- Financeiramente, tendo em vista o custo sub-base de solo selecionado;
- Estando o nível do lençol freático impedindo a utilização de solo selecionado, como em obras de drenagem e canalizações;
- A função drenante suplementar, efetuada pelo rachão;
- A redução na escavação da caixa proporcionada por esta substituição, reduzindo com isso os riscos que poderiam surgir com equipamentos de concessionárias de serviço público;
- Em locais confinados, de difícil manobrabilidade dos equipamentos de compactação;
- Em locais que o emprego de equipamentos de compactação poderia gerar riscos aos prédios adjacentes.

Equipamentos

Trator de lâmina D6-C Caterpilar ou similar
Pá carregadeira de pneus CAT 930 ou similar
Carreta

Método de execução

O rachão será descarregado nas proximidades do local de utilização, tendo em vista o fato de que o caminhão basculante, em razão das condições de suporte do solo, não possa se aproximar da caixa. Será lançado por pá carregadeira de pneus e espalhado por trator de lâmina.

Critério de medição e pagamento

Pelas secções se obterá o volume da caixa que remunerará o rachão utilizado (m^3).

III-2 Base de concreto f_{ck} = 10,7 MPa para guias, sarjetas e sarjetões

Consiste na execução da base para fixação das guias, na altura e direção, que atendam os alinhamentos projetados.

Equipamentos

Usina dosadora de concreto de cimento Portland
Caminhão betoneira

Método de execução

- A base de concreto, sobre a qual serão assentadas as guias, deverá ter largura e espessura uniformes:

    Largura   Espessura
    0,225 m   0,10 m

- A resistência mínima do concreto no ensaio a compressão simples, de acordo com os métodos ME-37/1.966 e ME-38/1.965, a 28 dias de idade, deverá ser de 150 kgf/cm^2 (f_{ck} = 10,7 MPa);
- O concreto deverá ter consistência suficiente para assegurar às guias um assentamento estável, ainda antes do endurecimento;
- O concreto deverá ser contido lateralmente por meio de formas de madeira, assentadas em conformidade com os alinhamentos e perfis do projeto;
- Depois de umedecido ligeiramente o terreno de fundação, o concreto deverá ser lançado e apiloado convenientemente, de modo a não deixar vazios;
- No caso de guias e sarjetas executadas concomitantemente, a base de concreto deve ter largura tal que abranja inclusive a sarjeta.

Critério de medição e pagamento

A remuneração da base de concreto se fará pelo volume utilizado: m^3 (metro cúbico), considerando as dimensões, que deverão ser uniformes, conforme descrito.

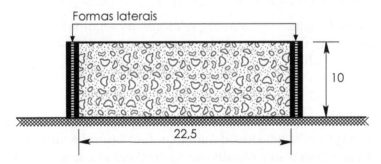

III-3 Fornecimento e assentamento de guias de concreto, tipo P.M.S.P. "100"

O fornecimento e assentamento de guias, constará das seguintes etapas de serviço:

- Fornecimento da guia no local de colocação;
- Assentamento;
- Execução da "bola" de concreto, rejuntamento e
- Encostamento de terra.

Equipamentos

Caminhão de carroceria
Usina dosadora de concreto de cimento Portland
Caminhão betoneira

Método de execução

- Após a execução da base de concreto, o assentamento das guias deverá ser feito antes de decorrida uma hora do lançamento do concreto na forma;

- As guias serão escoradas nas juntas, por meio de bolas de concreto, com a mesma resistência do concreto da base com 0,25 m de raio;

- As juntas serão tomadas com argamassa de cimento e areia no traço 1:3. A face exposta da junta será dividida ao meio por um friso de aproximadamente 3 mm de diâmetro, normal ao plano de piso;

- A faixa de 1m contígua às guias deverá ser aterrada com material de boa qualidade;

- O aterro deverá ser feito em camadas paralelas de 0,15 m, compactadas com soquetes manuais, com peso mínimo de 10 kg e secção não superior a 20 × 20 cm;

- As guias de concreto pré-moldadas serão fabricadas com cimento Portland, areia e brita;

- Os materiais componentes do concreto das guias devem obedecer, no caso do cimento a EM-1 e dos agregados a EM-3;

- As dimensões das guias a serem seguidas, são as seguintes:
  Comprimento: 1,00 m   Tolerância: ± 0,015 m
  Altura: 0,30 m   Tolerância: ± 0,005 m
  Base: 0,15 m   Tolerância: ± 0,005 m
  Piso: 0,13 m   Tolerância: ± 0,005 m

- A redução da espessura da guia, de 0,15 m na base para 0,13 m no piso, deve ser feita nos 0,15 m superiores da guia, na face lateral aparente ou espelho. A aresta formada pelo piso e espelho será arredondada, inscrevendo-se um arco de 0,03 m de raio;

- O acabamento das guias ao longo do piso deverá apresentar superfície lisa e isenta de fendilhamentos. A flecha apresentada por uma régua, apoiada ao longo do piso, não poderá ser superior a 4 mm;

- O concreto utilizado para confecção das guias, deverá apresentar uma resistência mínima de 150 kgf/cm^2 e média de 250 kgf/cm^2, no ensaio de compressão simples a 28 dias de idade;

- As formas a serem utilizadas na confecção das guias, deverão ser metálicas e do tipo "deitadas";

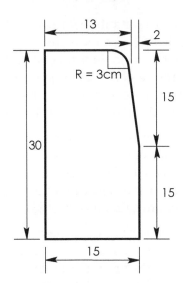

- A aceitação das guias se fará no caso de que:
    - Em cada lote de 20 (vinte) peças, retirando-se 1 (uma), a mesma preencha as condições especificadas quanto às dimensões e ao acabamento;
    - Em cada lote de 100 (cem) peças, retirando-se 1 (uma) para ser submetida ao ensaio não destrutivo (esclerômetro), de resistência à compressão do concreto e o resultado obtido for superior a 150 kgf/cm².
- Caso mais de 10% das amostras forem rejeitadas, o fornecimento será recusado.

Critério de medição e pagamento

Este serviço será remunerado por m (metro) de guia assentada.

III-4 Construção de sarjeta ou sarjetão de concreto

Em conjunto com a guia, a sarjeta funciona como um canal, conduzindo a água superficial às bocas-de-lobo, efetuando assim a drenagem supercial.

Equipamentos

Usina dosadora de concreto de cimento Portland
Caminhão betoneira

Método de execução

- Caso a sarjeta seja executada concomitantemente com as guias, a base será de concreto f_{ck} = 10,7 MPa, na espessura de 0,10m e na largura da sarjeta. O concreto deverá ser contido lateralmente por meio de forma de madeira, assentada em conformidade com os alinhamentos e perfis do projeto. O terreno de fundação, depois de umedecido ligeiramente, receberá o concreto que será apiloado de modo a não deixar vazios.

- Caso não seja executada concomitantemente a sarjeta com a guia, a base será de brita n.º 2, na espessura de 0,05 m e na largura da sarjeta ou sarjetões. A brita será contida lateralmente por meio de forma de madeira, assentada em conformidade com os alinhamentos e perfis do projeto. O terreno de fundação, depois de umedecido ligeiramente, receberá a brita que será apiloada com soquetes manuais, com peso mínimo de 10 quilos e secção não superior a 0,20 × 0,20 m.

- As formas, para fazer face aos esforços laterais, devem ser feitas com pranchas de 0,0254 m (1") e 3,00 m de comprimento. Nos trechos em curva, essa espessura poderá ser reduzida. A fixação deverá ser firme e travada de forma a impedir a sua movimentação. As pranchas deverão ser assentadas em cotas que assegurem à superfície da sarjeta um caimento de 10%.

- O concreto utilizado para a sarjeta ou sarjetão deverá apresentar uma resistência mínima de 150 kgf/cm^2 e média de 250 kgf/cm^2 no ensaio à compressão simples, a 28 dias de idade. Deverá ter plasticidade e umidade tais que possa ser facilmente lançado nas formas, onde, convenientemente apiloado e alisado, deverá constituir uma massa compacta, sem buracos ou ninhos.

  A mistura deverá ser efetuada por processos mecânicos.

  Antes do lançamento do concreto devem ser umedecidos a base e a forma.

  Junto à parede das formas, deverá ser usada uma ferramenta do tipo de uma colher de pedreiro, com cabo longo, que ao mesmo tempo em que se apiloa, afastam-se de junto das paredes as pedras maiores, produzindo superfícies uniformes e lisas. Após o adensamento, a superfície da sarjeta deverá ser modelada com gabarito e acabada com o auxílio de desempenadeiras de madeira, até apresentar uma superfície lisa e uniforme.

  Quando o pavimento for asfáltico, a aresta da sarjeta deverá ser chanfrada num plano, formando um ângulo de 45 graus com a superfície.

- As juntas serão do tipo "Secção enfraquecida", com espaçamento de 4 a 6 m.

  A altura das juntas deverá estar compreendida entre 1/3 e 1/4 da espessura da sarjeta e sua largura não deverá exceder de 0,01 m.

- Durante a concretagem, deverão ser moldados, de acordo com o ME-37/1.966 ou ME-53/1.967, 2 corpos de prova para cada 200m de sarjeta e ensaiados de acordo com o ME-38/1.965. Se a resistência média for superior a 220 kgf/cm^2 e inferior a 250 kgf/cm^2 serão aceitas e pagas com o seguinte desconto, obtido através da seguinte fórmula:

$$D = 5 (17,73 - R)$$

onde D = Desconto (%)
R = Resistência à compressão simples aos 28 dias de idade em MPa.

Se a resistência média à compressão simples, aos 28 dias de idade, for inferior a 220 kgf/cm^2, a mesma será rejeitada.

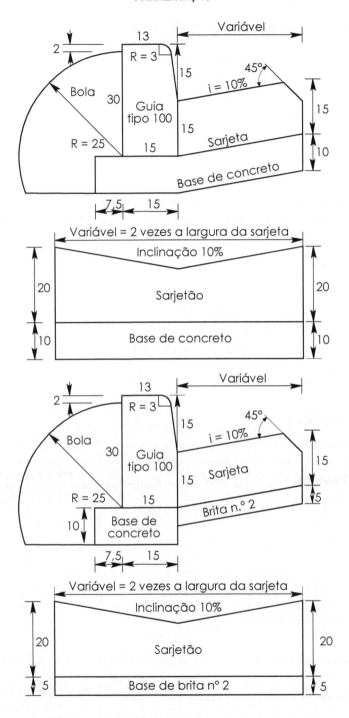

Critério de medição e pagamento

A remuneração será efetuada por m³ (metro cúbico) de sarjeta executada, estando incluída a base de brita n.º 2 no preço.

III-5 Base de macadame hidráulico

É uma base formada por uma ou várias camadas superpostas de pedra britada, comprimidas separadamente até a completa entrosagem de seus fragmentos e pela posterior colmatagem, por via hidráulica e compressão dos vazios de cada camada, com material de enchimento.

O preparo da mesma, definida na EM-14/1.966, consistirá das seguintes operações:

III-5.1 - Esparrame do agregado graúdo;

III-5.2 - Compressão da camada de agregado graúdo;

III-5.3 - Esparrame, compressão e varredura do material de enchimento;

III-5.4 - Irrigação e

III-5.5 - Compressão final.

Equipamentos

Motoniveladora 120B CAT ou similar
Caminhão pipa (irrigadeira)
Rolo compressor CA 15A Dynapac ou similar
Carreta
Vassoura mecânica

Método de execução

O agregado graúdo deverá apresentar a seguinte distribuição granulométrica:

Peneiras	Malhas quadradas	% em peso passando nas peneiras
3"	76,2 mm	100
2 1/2"	63,5 mm	90-100
2"	50,8 mm	35-70
1 1/2"	38,1 mm	0-15
3/4"	19,1 mm	0-5

O agregado miúdo deverá apresentar a seguinte distribuição granulométrica:

Peneiras	Malhas quadradas	% em peso passando nas peneiras
3/8"	9,520 mm	100
nº4	4,760 mm	85-100
nº100	0,149 mm	10-30

III-5.1 Esparrame do agregado graúdo

O agregado graúdo será esparramado por motoniveladora, na quantidade necessária, sobre o subleito, em uma camada de espessura uniforme que não deverá ser superior a 10 cm, depois de compactada.

Quando a execução for em meia pista ou não houver contenção lateral, serão usadas formas de espessura mínima de 5cm, de altura suficiente para a retenção do material solto, assentadas em conformidade com os alinhamentos e perfis de projeto, de forma a não poder se deslocar.

O esparrame deverá ser feito de modo que não haja segregação das partículas de agregado por tamanho.

Os fragmentos alongados, lamelares ou de tamanho excessivo, visíveis na superfície do agregado esparramado, deverão ser removidos.

Após o esparrame do agregado será feita a verificação da superfície por meio de linha e gabaritos, cujo bordo longitudinal inferior tenha a forma do contorno transversal da base concluída, sendo então executado acerto manual da base, com a utilização de garfos e pás, corrigindo-se os pontos com excesso ou deficiência de material. Na correção de depressões de pequena profundidade, é vedada a utilização de brita miúda, devendo ser usado material de granulometria idêntica ao que está sendo utilizado.

III-5.2 Compressão da camada de agregado graúdo

A compressão inicial deve ser feita em toda a largura da faixa com rolo compressor adequado, em marcha lenta, à velocidade de 30 a 40 m por minuto.

Nos trechos retilíneos, a compressão deve progredir dos bordos para o eixo e, nas curvas, do bordo mais baixo para o mais alto, sempre paralelamente ao eixo longitudinal.

- Em cada deslocamento do rolo compressor, a faixa anteriormente comprimida deve ser recoberta de, no mínimo, metade da largura da roda do rolo. As manobras do rolo devem ser feitas sempre fora do trecho em compressão.

- O rolo deve dar duas passagens preliminares, cobrindo todo o trecho, fazendo-se então nova verificação dos greides longitudinal e transversal e as necessárias correções, iniciando-se então, a partir dos bordos, a compressão propriamente dita.

- A operação de compressão deve prosseguir até que se consiga um bom entrosamento do agregado graúdo, a ponto do mesmo não se movimentar à frente da roda do rolo compressor.

- Nos lugares inacessíveis ao rolo compressor ou onde seu emprego não seja recomendável, a compressão deverá ser feita por meio de soquetes que produzam o mesmo efeito que o produzido pelo equipamento.

- Quando o agregado for suportado lateralmente por escora de terra ou por acostamento, a rolagem deverá ser iniciada ao longo das juntas, de modo que a roda cubra porções iguais do acostamento e da base, indo o rolo compressor para diante e para trás, até que o material da base e do acostamento se tornem firmemente comprimidos, um de encontro ao outro.
- Depois da compressão, a uniformidade da espessura da camada deverá ser verificada pela fiscalização através da abertura de furos.
- A abertura e o reenchimento dos furos para a verificação da uniformidade da espessura deverão ser feitos pela empreiteira, à sua custa e conforme for determinado pela fiscalização.

III-5.3 Esparrame, compressão e varredura do material de enchimento

- O material de enchimento deverá, a seguir, ser gradativamente esparramado, por meios mecânicos ou manuais, em camadas finas e varrido de forma a não impedir o contato do rolo compressor com o agregado graúdo.
- É vedada a descarga do material de enchimento em pilhas sobre o agregado graúdo.
- O esparrame e varredura por meio de vassouras manuais ou mecânicas do agregado miúdo, acompanhado de rolagem, prosseguirão até que não se consiga, a seco, mais penetração do material de enchimento nos vazios do agregado graúdo.

Para verificar se o enchimento a seco é satisfatório, bate-se na base com um cabo de ferramenta e verifica-se nos interstícios superficiais, entre a brita graúda, antes fechados, se aparecem pequenos orifícios, caso em que deve prosseguir o enchimento a seco, a não ser que haja esmagamento excessivo do agregado graúdo.

III-5.4 Irrigação

Deverá então ser procedida a irrigação da base, ao mesmo tempo que se espalha material de enchimento adicional e se continua com as operações de varredura, sucessivamente até não se conseguir mais penetração do material de enchimento nos vazios do agregado graúdo.

III-5.5 Compressão final

- Terminadas as operações de irrigação, esparrame de material adicional de enchimento e varredura, espera-se que a camada esteja suficientemente seca, para evitar aderência do material às rodas do rolo compressor; inicia-se a compressão final, das bordas para o eixo, da forma anteriormente descrita.
- A compressão deve ser suspensa, quando não mais houver movimento à frente da roda do rolo compressor e a base se encontrar completamente firme.

Caso retiremos uma pedra da base e a superfície descoberta mantiver a forma da pedra retirada, o enchimento será considerado satisfatório.

Execução em camadas

- Caso a base projetada seja superior a 10 cm, construir-se-á quantas camadas, múltiplas de 10 cm, sejam necessárias, de acordo com as instruções aqui contidas.

Reconstrução de trechos defeituosos

- Nos pontos ou trechos onde, a critério da fiscalização, o serviço apresente defeitos, o material deverá ser removido e a base reconstruída como se fosse nova.

Critério de medição e pagamento

A remuneração será efetuada por m^3 (metro cúbico) de macadame hidráulico, executado de acordo com o projeto do pavimento. Caso seja executado em desacordo com o projetado, deverá existir autorização por escrito da fiscalização.

III-6 Base de bica corrida

É uma base formada por uma ou várias camadas superpostas de agregado graúdo, já com enchimento de agregado miúdo, comprimidas até a completa entrosagem de seus fragmentos.

O preparo da mesma consistirá das seguintes operações:

III-6.1 - Esparrame da mistura de agregado graúdo/agregado miúdo;
III-6.2 - Compressão da camada;
III-6.3 - Varredura e irrigação;
III-6.4 - Compressão final.

Equipamentos

Motoniveladora 120B CAT ou similar
Caminhão pipa (irrigadeira)
Rolo compressor CA 15A Dynapac ou similar
Carreta

Método de execução

III-6.1 Esparrame da mistura de agregado graúdo/agregado miúdo

A mistura será esparramada por motoniveladora, na quantidade necessária, sobre o subleito, em uma camada de espessura uniforme que não deverá ser superior a 10 cm, depois de compactada.

Quando a execução for em meia pista ou não houver contenção lateral, serão usadas formas de espessura mínima de 5 cm, de altura suficiente para a retenção do material solto, assentadas em conformidade com os alinhamentos e perfis de projeto, de forma a não poder se deslocar.

O esparrame deverá ser feito de modo que não haja segregação das partículas da mistura.

Os fragmentos alongados, lamelares ou de tamanho excessivo, visíveis na superfície da mistura esparramada, deverão ser removidos.

Após o esparrame da mistura, será feita a verificação da superfície por meio de linha e gabaritos, cujo bordo longitudinal inferior tenha a forma do contorno transversal da base concluída, sendo então executado acerto manual da base, com a utilização de garfos e pás, corrigindo-se os pontos com excesso ou deficiência de material. Na correção de depressões de pequena profundidade, é vedada a utilização de agregado miúdo, devendo ser usado material de granulometria idêntica a da mistura que está sendo utilizada.

III-6.2 Compressão da camada

A compressão inicial deve ser feita, em toda a largura da faixa, com rolo compressor adequado, em marcha lenta, à velocidade de 30 a 40m por minuto.

Nos trechos retilíneos, a compressão deve progredir dos bordos para o eixo e, nas curvas, do bordo mais baixo para o mais alto, sempre paralelamente ao eixo longitudinal.

Em cada deslocamento do rolo compressor, a faixa anteriormente comprimida deve ser recoberta de, no mínimo, metade da largura da roda do rolo. As manobras do rolo devem ser feitas sempre fora do trecho em compressão.

O rolo deve dar duas passagens preliminares, cobrindo todo o trecho, fazendo-se então nova verificação dos greides longitudinal e transversal e as necessárias correções, iniciando-se então, a partir dos bordos, a compressão propriamente dita.

A operação de compressão deve prosseguir até que se consiga um bom entrosamento da mistura, a ponto da mesma não se movimentar à frente da roda do rolo compressor.

Nos lugares inacessíveis ao rolo compressor ou onde seu emprego não seja recomendável, a compressão deverá ser feita por meio de soquetes que produzam o mesmo efeito que o produzido pelo equipamento.

Quando a mistura for suportada lateralmente por escora de terra ou acostamento, a rolagem deverá ser iniciada ao longo das juntas, de modo que a roda cubra porções iguais do acostamento e da base, indo o rolo compressor para diante e para trás, até que o material da base e do acostamento se tornem firmemente comprimidos, um de encontro ao outro.

Depois da compressão, a uniformidade da espessura da camada deverá ser verificada pela fiscalização através da abertura de furos.

A abertura e o reenchimento dos furos, para a verificação da uniformidade da espessura, deverão ser feitos pela empreiteira, à sua custa e conforme for determinado pela fiscalização.

III-6.3 Varredura e irrigação

A varrição deverá ser efetuada de tal forma, que permita o descobrimento e o contato do rolo compressor com o agregado graúdo.

A varrição prosseguirá até que se consiga uma superfície uniforme e homogênea.

Deverá então ser procedida a irrigação da base e se continuará com as operações de varredura, homogeneizando-se a mistura.

III-6.4 Compressão final

Terminadas as operações de irrigação e varredura, espera-se que a camada esteja suficientemente seca, para evitar aderência do material às rodas do rolo compressor, iniciando-se a compressão final, das bordas para o eixo, da forma anteriormente descrita.

A compressão deve ser suspensa quando não mais houver movimento à frente da roda do rolo compressor e a base se encontrar completamente firme.

Caso retiremos uma pedra da base e a superffcie descoberta mantiver a forma da pedra retirada, a execução da mesma será considerada satisfatória.

Execução em camadas

Caso a base projetada seja superior a 10cm, construir-se-á quantas camadas, múltiplas de 10 cm, sejam necessárias, de acordo com as instruções aqui contidas.

Reconstrução de trechos defeituosos

Nos pontos ou trechos onde, a critério da fiscalização, o serviço apresente defeitos, o material deverá ser removido e a base reconstruída como se fosse nova.

Critério de medição e pagamento

A remuneração será efetuada por m^3 (metro cúbico) de bica corrida, executada de acordo com o projeto do pavimento. Caso seja executada em desacordo com o projetado, deverá existir autorização por escrito da fiscalização.

III-7 Base de brita graduada (usinada)

É uma base formada por agregados que atendam a uma determinada faixa granulométrica, misturados em usina e comprimidos até a completa entrosagem de seus componentes.

O preparo da mesma consistirá das seguintes operações:

III-7.1 - Preparo dos materiais;
III-7.2 - Dosagem da mistura;
III-7.3 - Transporte e espalhamento da mistura;
III-7.4 - Compressão e acabamento.

Equipamentos

Usina misturadora de solos
Distribuidora de agregado
Rolos compressores
Caminhão pipa (irrigadeira)
Carreta

Materiais

Agregados minerais

A composição percentual, em peso, da base deverá estar de acordo com uma das seguintes faixas granulométricas:

Peneiras	Percentagem que passa	
	Tamanho máximo 1 1/2"	Tamanho máximo 3/4"
2"	100	-
1 1/2"	90-100	-
1"	-	100
3/4"	50-85	90-100
3/8"	34-60	80-100
n° 4	25-45	35-55
n° 40	8-22	8-25
n° 200	2-9	2-9

Além destes requisitos, a diferença entre as percentagens que passam na peneira n.° 4 e n.° 40 deverá variar entre 20% e 30%.

Os requisitos que deverão ser satisfeitos, quanto à qualidade, são os seguintes:

Ensaios	Valor mínimo
Resistência (valor R)	78
ou Índice de Suporte Califórnia	90
Equivalente de areia	30
Índice de durabilidade	35

A exigência do valor de "R" será dispensada, desde que os agregados minerais satisfaçam à granulometria e durabilidade especificadas e tenham um valor de equivalente areia de 35 ou mais.

Abrasão Los Angeles < 40%
Ensaio de sanidade - Agregado graúdo (5 ciclos):
- Para sulfato de sódio: 20%
- Para sulfato de magnésio: 30%
- Tenacidade Treton < 10%
  Forma: Fragmentos alongados, lamelares, quadráticos e conchoidais, inferiores a 10%.

Os agregados deverão estar isentos de matéria vegetal e outras substâncias nocivas. O agregado graúdo (retido na peneira n.° 4) deverá possuir no mínimo 25% das partículas, tendo pelo menos duas faces britadas.

Método de execução

O serviço de execução de base de brita graduada somente será iniciado quando o subleito, ou sub-base, estiver concluído e aceito pela fiscalização.

III-7.1/III-7.2 Preparo dos materiais e dosagem da mistura

A dosagem e a mistura serão efetuados em um usina de solos com capacidade mínima nominal de 100 t/hora, munida de três ou mais silos, de um dosador de umidade e de um misturador. A composição da mistura deverá ser uma das duas faixas especificadas no item anterior destas instruções.

O misturador deverá ser do tipo de eixos gêmeos paralelos, girando em sentidos opostos, a fim de produzir mistura uniforme.

Os silos deverão possuir dispositivos que permitam a dosagem precisa dos materiais.

O dosador de umidade deverá adicionar água à mistura de agregados, precisa e uniformemente para garantir a constância da umidade dentro da faixa especificada.

III-7.3 Transporte e espalhamento da mistura

A mistura será transportada em caminhões basculantes, cobertos com encerado para não haver perda de umidade.

Caso o tempo esteja sujeito a intempérie, como chuva, não será sequer permitido o transporte.

O espalhamento da mistura, em camadas, deverá ser efetuado por distribuidoras de agregados, auto-propelidas, munidas de dispositivos que permitam distribuir o material em espessura adequada, uniforme e na largura do espalhamento. Caso a distribuidora marque a base com sulcos ou segregue o material que está sendo espalhado, a mesma será vetada.

A espessura máxima, após a compactação, não deverá exceder a 15 cm. As motoniveladoras terão sua utilização autorizada pela fiscalização em casos de correções da base, em locais inacessíveis às distribuidoras de agregados e em outros casos excepcionais.

III-7.4 Compressão e acabamento

Após o espalhamento da mistura e verificação do atendimento às determinações de projeto, quais sejam:

- Forma definida pelos alinhamentos;

- Secção transversal, que será verificada pela régua, não se permitindo variações superiores a 20% do valor especificado;

- Variação de mais de 1 cm na espessura da camada compactada; iniciar-se-á a compactação por meio de rolos compressores a no mínimo 100% do proctor modificado. A compactação deverá começar nos bordos e progredir longitudinalmente para o centro, de modo que o compressor cubra, uniformemente, em cada passada, pelo menos a metade da largura do seu rastro da passagem anterior. Nas curvas a rolagem progredirá do lado mais baixo para o mais alto, paralelamente ao eixo da via, nas mesmas condições de recobrimento do rastro.

A compactação deverá prosseguir até que a densidade aparente do material se iguale ou exceda àquela pré-fixada no projeto. A umidade deverá ser uniforme e dentro da faixa especificada em projeto, a fim de facilitar a compactação.

O acabamento será efetuado com rolos compressores, tais que permitam a obtenção da secção transversal do projeto.

Os rolos compressores não poderão fazer manobras sobre a base, objeto de compactação.

O acabamento será concluído quando a camada que está sendo trabalhada deixar de apresentar marcas de rodas dos rolos compressores. A camada acabada deverá apresentar-se uniforme, isenta de ondulações e sem saliências ou rebaixos; nos locais que, a critério da fiscalização, essas condições não forem atendidas, o material deverá ser substituído por outro, que será comprimido até que adquira a densidade igual ao do material circunjacente, de maneira tal que não apresente o aspecto de remendo.

Nenhum trânsito será permitido sobre a base enquanto não for concluída a compactação.

Critério de medição e pagamento

A remuneração será efetuada por m^3 (metro cúbico) de brita graduada, executada de acordo com o projeto do pavimento. Caso seja executada em desacordo com o projetado, deverá existir autorização por escrito da fiscalização.

O transporte do usinado será remunerado em item próprio.

III-8 Base de macadame betuminoso (IE-9)

É uma base formada por uma ou várias camadas superpostas de agregado mineral, comprimidas separadamente até a completa entrosagem de seus fragmentos e pela posterior ligação com cimento asfáltico e preenchimento dos vazios de cada camada, com agregado miúdo.

O preparo da mesma consistirá das seguintes operações:

III-8.1 - Esparrame e rolagem do agregado graúdo;
III-8.2 - Primeira distribuição do material betuminoso;
III-8.3 - Primeiro esparrame e rolagem do agregado miúdo;
III-8.4 - Segunda distribuição do material betuminoso;
III-8.5 - Segundo esparrame e rolagem do agregado miúdo;
III-8.6 - Compressão final.

Materiais

Agregado mineral

Pedra britada, que deverá consistir de fragmentos angulares, limpos, duros, tenazes e isentos de fragmentos moles ou alterados.

A percentagem de abrasão, de acordo com o ME-23, não deverá ser superior a 40% (abrasão Los Angeles).

A percentagem de fragmentos alongados, conchoidais, defeituosos, discóides e lamelares, não deverá ser superior a 10%.

Os agregados deverão apresentar as seguintes graduações:

Designação da peneira		Percentagem de material que passa		
		Agregado		
ASTM	mm	Graúdo		Miúdo
		A	B	
3"	76,2	100	-	-
2 1/2	63,5	90-100	100	-
2"	50,8	35-70	90-100	-
1 1/2"	38,1	0-15	35-70	-
1"	25,4	-	0-15	100
3/4"	19,1	0-5	-	90-100
1/2"	12,7	-	0-5	-
3/8"	9,52	-	-	20-55
n°4	4,76	-	-	0-10
n°8	2,38	-	-	0-5

A adesividade do agregado deverá ser satisfatória (ME-24).

Material betuminoso

Cimento asfáltico: 85-100 (CAP 7), satisfazendo a EM-5.
Emulsões asfálticas catiônicas: RR-1C e RR-2C, satisfazendo a EM-7.

Equipamentos

Motoniveladora CAT 120B ou similar
Caminhão espargidor
Rolo compressor CA 15A Dynapac ou similar
Carreta

- O rolo compressor deverá transmitir uma carga não inferior a 60 kgf por centímetro da geratriz;

- O equipamento para aquecimento de material betuminoso deverá ser tal, que aqueça e mantenha o material betuminoso de maneira que satisfaça os requisitos dessa instrução. Deverá ser provido de pelo menos um termômetro sensível a 1°C para a determinação da temperatura do material betuminoso;

- O distribuidor auto-motor de material betuminoso, sob pressão, deverá ser equipado com aros pneumáticos e funcionar de maneira que distribua o material betuminoso em um jato uniforme, na quantidade e entre os limites de temperatura estabelecidos pela presente instrução. Deverá, ainda, ser munido de um tacômetro que registre metros por minuto, colocado em lugar visível ao motorista, de modo que este possa manter a velocidade constante, o que permitirá a aplicação da quantidade estabelecida por metro quadrado. A bomba deverá ser movida por um motor e deverá ser munida de um tacômetro que registre o volume, em litros por minuto, que passe pelos bocais e ser facilmente visível ao operador. No distribuidor deverá haver termômetros, adequados e sensíveis a 1°C para a indicação, a qualquer tempo, da temperatura do material betuminoso. O bulbo do termômetro deverá ser colocado de modo que não toque em qualquer tubo de aquecimento. A barra distribuidora deverá permitir a aplicação do material betuminoso até 1,80m de largura. O distribuidor deverá, também, ser provido de dispositivo que circule ou agite o material betuminoso durante o processo de aquecimento.

Método de execução

III-8.1 Esparrame e rolagem do agregado graúdo

O agregado graúdo deverá ser esparramado somente depois que a sub-base ou base estiver concluída e houver sido aceita pela fiscalização. Esta aceitação, todavia, não implica em eximir a empreiteira das responsabilidades futuras, com relação às condições mínimas de resistência e estabilidade das etapas de serviço que antecederam a execução da base ora em execução.

O agregado graúdo poderá ser esparramado manualmente ou por meios mecânicos, em uma camada de espessura uniforme não inferior a 7,5 cm, depois de compactada.

A uniformidade do abaulamento será verificada antes da aplicação do material betuminoso. O esparrame deverá ser feito de modo que não haja segregação das partículas do agregado. Os fragmentos alongados, lamelares ou de tamanho excessivo, visíveis na superffcie do agregado esparramado, deverão ser removidos.

Após o esparrame do agregado deverá ser iniciada a rolagem por meio de rolo compressor, com velocidade compreendida entre 3,5 a 5 km/h.

A rolagem deverá começar nas bordas e progredir longitudinalmente para o centro, de modo que as rodas cubram uniformemente, em cada passada, pelo menos metade da largura do seu rastro de passada anterior. A rolagem deverá progredir até que os fragmentos do agregado se entrosem entre si e não se movimentem diante do rolo.

Após a rolagem, a superfície não deverá afastar-se, em qualquer ponto, de 1cm do bordo inferior de uma régua de 3 m colocada paralelamente ao eixo da via ou do bordo inferior de um gabarito configurado de acordo com a secção transversal prevista.

Após a rolagem e antes da aplicação do material betuminoso, a uniformidade da espessura da camada deverá ser verificada pela fiscalização através da abertura de furos. A abertura e o reenchimento dos furos para verificação da uniformidade da espessura serão feitas pela empreiteira, à sua custa e conforme a fiscalização determinar.

III-8.2 Primeira distribuição do material betuminoso

- O cimento asfáltico deverá ser aquecido uniformemente e imediatamente antes da aplicação, a uma temperatura entre 135°C e 175°C.

- As emulsões asfálticas catiônicas deverão ser aplicadas à temperatura ambiente. A faixa de aplicação é de 20°C a 50°C.

A empreiteira deverá fornecer todos os meios necessários à determinação da temperatura do material betuminoso, durante o aquecimento e logo antes da distribuição.

Sobre o agregado graúdo compactado, o material betuminoso deverá ser distribuído uniformemente sob pressão e na temperatura adequada, à razão de 5,0 a 5,5 l/m^2 (litros por metro quadrado), para o cimento asfáltico 85-100 (CAP 7).

Para as emulsões asfálticas catiônicas RR-1C e RR-2C, a quantidade a ser distribuída uniformemente, sob pressão e na temperatura adequada, será à razão de 8,0 a 8,5 l/m^2 (litros por metro quadrado).

O emprego de mangueira distribuidora de material betuminoso, somente será permitido em casos especiais e mediante autorização da fiscalização.

O material betuminoso deverá ser distribuído somente quando a camada de agregado estiver perfeitamente seca, em toda a sua profundidade e quando a temperatura ambiente estiver acima de 10°C. Com o fim de impedir que o material betuminoso de uma aplicação seja coberto nas juntas pelo de outra aplicação, o distribuidor deverá ser prontamente estancado e, se for necessário para impedir o gotejamento, deverá ser colocado, sob os bocais, um recipiente.

Poderá ser determinado pela fiscalização proteção da superfície já tratada, antes do prosseguimento da operação de distribuição do material betuminoso.

Os locais onde eventualmente houver falhas na distribuição, serão retocados com o auxílio de regadores apropriados.

III-8.3 Primeiro esparrame do agregado miúdo de enchimento

Imediatamente depois de aplicado o material betuminoso e enquanto ele estiver quente sobre a sua superfície, será esparramado o agregado miúdo, limpo e seco, à razão de 17,6 a 22,0 l/m^2 (litros por metro quadrado) ou até encher quase totalmente os vazios e impedindo com isso que o aglutinante se agarre às rodas do rolo compressor.

O agregado miúdo esparramado deverá produzir uma superfície uniforme e, se for necessário para isso, deverá ser espalhado pela varredura, por meio de vassoura de arrasto ou de vassourão manual.

Rolagem do agregado miúdo do primeiro esparrame

A rolagem deverá começar imediatamente depois do esparrame do agregado miúdo e da uniformização da superfície, enquanto o aglutinante ainda estiver quente, e deverá prosseguir até que todos os fragmentos fiquem bem ligados e a superfície se torne dura, lisa e não se mova sob as rodas do rolo compressor.

A adição de agregado miúdo, em pequenas quantidades, poderá ser efetuada, caso necessário, durante a rolagem.

A rolagem deverá ser executada a uma velocidade compreendida entre 3,5 e 5 km/h.

III-8.4 Segunda distribuição do material betuminoso

Terminada a compressão do agregado miúdo, a superfície deverá ser limpa, por meio de varredura, de todo o material solto.

Sobre a superfície limpa e seca será distribuído o material betuminoso, nas mesmas condições e da mesma maneira especificada para a primeira distribuição, sendo porém a quantidade de aglutinante betuminoso distribuído à razão de 2 a 2,5 l/m^2 (litros por metro quadrado) — a quantidade total de material betuminoso nas duas aplicações é de 7,5 l/m^2 de camada de 7,5 cm compactada, para o cimento asfáltico 85-100 (CAP 7). Para as emulsões asfálticas catiônicas RR-1C e RR-2C a quantidade de aglutinado betuminoso, distribuído à razão de 5 a 5,5 l/m^2 (litros por metro quadrado). A quantidade total de material betuminoso nas duas aplicações, é de 12,5 l/m^2 de camada de 7,5 cm compactada.

III-8.5 Segundo esparrame e rolagem do agregado miúdo

Imediatamente após a segunda aplicação de material betuminoso e enquanto ele ainda estiver quente, o agregado miúdo, limpo e seco, deverá ser esparramado à razão de 2 a 6,4l/m² (litros por metro quadrado) ou até encher os interstícios superficiais entre os fragmentos de agregado graúdo, sem que o próprio agregado graúdo fique coberto e até que a textura seja uniforme (a quantidade total de agregado miúdo nos dois esparrames é de 24l/m², de camada de 7,5cm, compactada).

Após a rolagem, a superfície não deverá afastar-se, em qualquer ponto, de 1cm do bordo inferior de uma régua de 3m, colocada paralelamente ao eixo da via ou do bordo de um gabarito configurado, de acordo com a secção transversal prevista.

III-8.6 Compressão final

A compressão final deverá prosseguir de forma a assegurar a rolagem mínima de uma hora para cada 85 m² de base e com a velocidade compreendida entre 3,5 e 5 km/h.

Critério de medição e pagamento

A remuneração se fará por m³ (metro cúbico) de macadame betuminoso, executado de acordo com o projeto do pavimento. Caso seja executada em desacordo com o projetado, deverá existir autorização, por escrito, da fiscalização.

III-9 Base de concreto magro

É uma camada de concreto magro, com espessura variável, de acordo com o projeto, executado sobre sub-base de macadame hidráulico ou em substituição à mesma.

Equipamentos

   Usina dosadora de concreto
   Caminhão betoneira
   Rolo compressor
   Vibrador de imersão ou de placa
   Carreta

Método de execução

- Todos os materiais componentes do concreto, deverão satisfazer as especificações EM-1 (cimento) e EM-3 (agregados);
- A resistência do concreto no ensaio à compressão simples, de acordo com os métodos ME-37/1966 e ME-38/1965, a 28 dias de idade, deverá estar compreendida entre 120 kgf/cm² a 160 kgf/cm²

- A percentagem em peso de agregado miúdo na mistura deverá ser igual ou inferior a 40%, e o diâmetro máximo do agregado graúdo, igual ou inferior a 50 mm;
- O concreto deverá ter consistência suficiente a permitir a trabalhabilidade, não devendo segregar no transporte, lançamento e adensamento;
- A base, deverá ser executada de acordo com a espessura fixada em projeto;
- O espalhamento será efetuado manualmente, evitando-se sempre a segregação do mesmo;
- Antes do lançamento, a superfície que irá receber o concreto deverá receber uma impermeabilização através de imprimadura;
- Após o espalhamento, iniciar-se-á o adensamento por meio de vibradores de imersão e vibradores de placa;
- Corrige-se as depressões ou deficiências de espessura, com concreto recém-usinado;
- Após a correção das eventuais distorções, alisa-se e vibra-se a superfície regularizada com rolo compressor;
- O tempo, desde o início do espalhamento até o alisamento da superfície regularizada, não poderá exceder a 2 h;
- Para a cura do concreto, a superfície deverá ser protegida por meio de pintura impermeabilizante, com asfaltos diluídos à razão de 0,8 a 1 l/m^2 (litro por metro quadrado), ou outro processo qualquer que substitua a esse sugerido. Não será permitido tráfego sobre a superfície, até a execução do revestimento;
- As depressões, verificadas com uma régua de 3 m de comprimento, deverão ser inferiores a 0,015 m;
- Em cada ponto, a tolerância com relação à espessura, será de 0,015m para menos, em relação às cotas de projeto em cada ponto;
- Deverá moldar-se, a cada 150m^3 de concreto, 3 corpos de prova, para se verificar a resistência à compressão simples, a 28 dias de idade;
- A base deverá ter a forma definida pelos alinhamentos, perfis, dimensões e secções transversais estabelecidas pelo projeto.

Critério de medição e pagamento

A remuneração será efetuada por m^3 (metro cúbico) de base de concreto magro, executada de acordo com o projetado. Caso exista discrepância do executado para o projetado, deverá haver, por escrito, autorização da fiscalização.

III-10 Revestimento de pré-misturado, à frio (sem transporte)

Consiste no revestimento, com uma mistura devidamente dosada, constituída de material betuminoso e agregado mineral (brita e areia), sem que haja aquecimento. A execução deverá seguir os alinhamentos, perfis, secções transversais e dimensões indicadas no projeto.

Equipamentos

Usina misturadora
Vibroacabadora
Rolos compressores
Caminhão irrigador (pipa)
Carreta

Método de execução

III-10.1 - Preparo dos materiais;

III-10.2 - Dosagem da mistura;

III-10.3 - Transporte e espalhamento;

III-10.4 - Compressão e acabamento.

Materiais

Agregado mineral: Granulometria que satisfaça uma das graduações, no quadro abaixo.

Designação da peneira (Abertura)		Percentagem de material que passa		
ASTM	mm	A	B	C
3/4"	19,100	100	100	100
n°4	4,760	35-50	45-65	50-70
n°10	2,000	25-40	30-50	35-55
n°200	0,074	2-7	3-8	5-10

- Abrasão Los Angeles < 40% (ME-23)
- Fragmentos moles ou alterados < 2%
- Substâncias nocivas e impurezas < 0,5%
- O "filler" deverá ser calcário

Material betuminoso (EM-6)
    Asfaltos recortados ("*cut-back*"): CR-250, CR-800
    Emulsões asfálticas: RM-1C, RM-2C

III-10.1 Preparo dos materiais

Se o teor de umidade do agregado for superior a 0,5% do seu peso seco, deverá o mesmo ter a umidade eliminada através de secagem por aquecimento, não sendo o mesmo levado ao misturador após a secagem, enquanto sua temperatura não baixar dos 50°C.

A temperatura de mistura do material betuminoso deverá ficar compreendida entre os seguintes limites:

Asfaltos recortados ("*cut-back*")

	Mínima	Máxima
CR - 250	27	93°C
CR - 800	52	93°C

Emulsões asfálticas

RM - 1C e RM - 2C	15	60°C

III-10.2 Dosagem da mistura

A percentagem, em peso na mistura, deverá ficar entre os seguintes limites:

	Mínimo	Máximo
Agregado	94	96
Material betuminoso	6	4

O teor de betume especificado, corresponde tão somente ao asfalto, excluído o solvente. O tempo de mistura não poderá ser inferior a 30 segundos.

O aglutinante betuminoso deverá envolver completamente o agregado mineral e as quantidades deverão corresponder ao especificado.

III-10.3 Transporte e espalhamento da mistura

A mistura será transportada em caminhões basculantes. Caso o tempo esteja sujeito a intempérie, como chuva, não será permitido sequer a usinagem.

O espalhamento da mistura, em camadas, deverá ser efetuado por vibroacabadoras, auto-propelidas, munidas de dispositivos que permitam distribuir o material em espessura adequada, uniforme e na largura esperada. Caso a vibroacabadora marque a base com sulcos ou segregue o material que está sendo espalhado, a mesma será vetada.

III-10.4 Compressão e acabamento

Após o espalhamento da mistura e verificação do atendimento às determinações de projeto, como:
- Forma definida pelos alinhamentos;
- Secção transversal, que será verificada pela régua, não se permitindo variações superiores a 4 mm para mais ou menos das cotas de projeto;

Inicia-se a compactação por meio de rolos compressores, começando pelos bordos e progredindo longitudinalmente para o centro, de modo que, em cada passada, cubra pelo menos metade do rastro da passagem anterior. Nas curvas, a rolagem progredirá do lado mais baixo para o mais alto, paralelamente ao eixo da via, nas mesmas condições citadas anteriormente.

Para que a mistura não adira às rodas do rolo, será permitido que as mesmas sejam molhadas, não se permitindo excessos.

Serão proibidas as manobras sobre a mistura, objeto de compactação.

A compactação pode ser considerada concluída quando a camada já comprimida deixar de apresentar marca de passagem dos rolos compressores.

O acabamento será concluído quando a camada apresentar-se uniforme, isenta de ondulações e sem saliências ou rebaixos. Nos locais que, a critério da fiscalização, essas condições não forem atendidas, o material deverá ser substituído por outro que será comprimido até que adquira a densidade igual ao do material circunjacente, de maneira tal que não apresente o aspecto de remendo.

Nenhum trânsito será permitido sobre o revestimento até a cura do mesmo.

Critérios de medição e pagamento

Será efetuado por m^3 (metro cúbico) de revestimento de pré-misturado a frio, executado de acordo com o projetado. Caso seja executado em desacordo com o projetado, deverá existir autorização, por escrito, da fiscalização.

O transporte do usinado será pago em item próprio.

III-11 "Binder", usinado à quente (sem transporte)

Consiste na execução de camada de ligação ou regularização, com uma mistura, devidamente dosada, formada de agregado mineral graduado e material betuminoso, mistura esta feita em usina, à quente.

Equipamentos

Usina misturadora, sistema de aquecimento, filtros etc.
Vibroacabadora
Rolos compressores
Caminhão irrigador (pipa)
Carreta

Método de execução

III-11.1 - Preparo dos materiais;
III-11.2 - Preparo da mistura betuminosa (dosagem e usinagem);
III-11.3 - Transporte e espalhamento;
III-11.4 - Compressão e acabamento.

III-11.1 Preparo dos materiais

O agregado mineral deverá apresentar a seguinte granulometria:

Designação da peneira		Perentagem do material que passa
ASTM	mm	Graduação aberta
1 1/2"	38,100	100
1"	25,400	83-100
1/2"	12,700	40-70
n°4	4,760	0-20
N°8	2,380	0-5

O agregado mineral deverá consistir de fragmentos angulares, limpos e duros, e apresentar boa adesividade.

O material betuminoso deverá ser o cimento asfáltico de penetração 50-60 (CAP 20), obedecendo a EM-5.

III-11.2 Preparo da mistura betuminosa

O agregado deverá ser aquecido a uma temperatura nunca superior a 15°C acima da temperatura do material betuminoso prevista.

O material betuminoso deverá ser uniformemente aquecido a uma temperatura compreendida entre 140/160°C.

A temperatura mínima, dependendo da distância da usina a obra, não poderá ser inferior a 135°C.

A mistura não poderá ser espalhada à temperatura inferior a 120°C.

A composição da mistura deverá ficar entre os seguintes limites, em percentagem, em peso total da mistura:

Material	% do peso total da mistura Graduação aberta
Agregado mineral	95,0 - 96,5
Betume	3,5 - 5,0

A mistura deverá ser efetuada em usina, nas quantidades e temperatura especificadas, até que todas as partículas do agregado estejam envolvidas pelo aglutinante betuminoso, tempo esse que será, no mínimo, de 30 segundos.

III-11.3 Transporte e espalhamento

A mistura será transportada em caminhões basculantes.

A mistura deverá ser recoberta por encerado, para evitar perda de temperatura.

Caso o tempo esteja sujeito a intempérie, como chuva, não será permitido sequer a usinagem.

As superfícies internas das básculas poderão ser lubrificadas, levemente, com óleo fino, para evitar a aderência da mistura às paredes da báscula.

A mistura somente poderá ser espalhada depois da superfície subjacente ter sido aceita pela fiscalização.

A superfície de contato da sarjeta com a camada a ser executada deverá ser pintada com uma camada delgada de material betuminoso, emulsão asfáltica de quebra rápida, a uma temperatura compreendida entre 20/50°C.

A mistura betuminosa deverá ser espalhada de forma tal que permita a obtenção de uma camada, na espessura indicada, sem novas adições.

III-11.4 Compressão e acabamento

Inicia-se a rolagem, quando a temperatura da mistura estiver compreendida entre 80/120°C. A compressão deverá começar nos lados e progredir, longitudinalmente, para o centro, de modo que os rolos cubram uniformemente, em cada passada, pelo menos a metade da largura do seu rastro da passagem anterior.

Nas curvas, a rolagem deverá progredir do lado mais baixo para o mais alto, paralelamente ao eixo da via e nas mesmas condições de recobrimento do rastro.

Os rolos compressores deverão operar nas passagens iniciais de modo que as faixas das juntas transversais ou longitudinais, na largura de 0,15m, não sejam comprimidas.

Depois de espalhada a camada adjacente, a compactação da mesma deverá abranger a faixa de 0,15m da camada anterior.

A compactação deverá prosseguir até que a textura e o grau de compactação da camada se tornem uniformes e a sua superfície, perfeitamente comprimida, não apresente sinais dos rolos.

Os rolos compressores deverão operar numa velocidade compreendida entre 3,5/5km/h. Poderá ser utilizada a água para impedir a aderência da mistura às rodas dos rolos compressores, não se permitindo excessos.

Não serão permitidas manobras sobre a camada que estiver sendo compactada.

Nos lugares inacessíveis ao equipamento de compactação, os mesmos serão rolados por meio de compactador manual.

As depressões ou saliências que apareçam após a compressão deverão ser corrigidas pelo afofamento, regularização e recompactação da mistura, até que a mesma adquira densidade igual a do material circunjacente.

Deverá existir, junto à usina misturadora, laboratório que permita a realização de ensaios destinados ao controle tecnológico da mistura produzida.

Deverão ser executados os seguintes controles, durante a usinagem da mistura e execução do serviço:

- Uniformidade de granulometria de cada um dos agregados: 1 ensaio, periodicamente;
- Quantidade de ligante: controlada periodicamente;
- Graduação da mistura de agregados: deverão ser efetuadas, periodicamente, 2 amostras de cada vez, sendo que uma das amostras deverá ser colhida após dosagem, sem ligante;
- Temperatura: tanto na usina como no local de aplicação. Na usina deverão ser controladas e anotadas as temperaturas dos agregados, do ligante e da mistura betuminosa. No local de aplicação, as temperaturas de espalhamento e de inicio de rolagem. Os caminhões transportadores deverão conter, anotados, temperatura da mistura na usina, hora de saída da usina e hora de chegada ao destino.

Na camada acabada, a fiscalização executará as seguintes verificações:

- Uniformidade de espessura. A espessura média de um trecho não deve diferir de mais de 8% da espessura projetada. Diferenças locais não devem ser superiores a 12%;
- A densidade aparente do material extraído da pista será executada de acordo com o ME-45, não sendo inferior a 95% da densidade aparente de projeto;
- O teor de ligante será determinado de acordo com o ME-44 e não deverá diferir em mais de 0,5% do teor do projeto;
- A granulometria será realizada com os agregados resultantes da determinação do teor de ligante.

A distribuição granulométrica não deve afastar-se da do projeto mais do que as seguintes tolerâncias:

% passando na peneira 1/4" e maiores .... ± 7%
% passando na peneira n.° 4 .... ± 5%
% passando na peneira n.° 8 .... ± 5%
% passando na peneira n.° 40 .... ± 5%
% passando na peneira n.° 80 .... ± 3%
% passando na peneira n.° 200 .... ± 2%

Critério de medição e pagamento

Será efetuado por m³ (metro cúbico) de "binder", executado de acordo com o projetado.

Caso seja executado em desacordo com o projetado, deverá existir autorização, por escrito, da fiscalização. *O transporte do usinado será pago em item próprio.*

III-12 Imprimação impermeabilizante betuminosa

Descrição de serviços

Consiste na aplicação de material betuminoso de baixa viscosidade, diretamente sobre a superfície previamente preparada de uma sub-base, base de macadame hidráulico, solo estabilizado, brita graduada, solo melhorado com cimento ou solo-cimento que irá receber um revestimento betuminoso.

Método de execução

Constará das seguintes operações:

III-12.1 - Varredura e limpeza da superfície;
III-12.2 - Secagem da superfície;
III-12.3 - Distribuição do material betuminoso;
III-12.4 - Repouso da imprimação:
III-12.5 - Esparrame de agregado miúdo (quando necessário).

Materiais
Material betuminoso

Cimentos asfálticos diluídos: CM-30 e CM-70
Emulsões asfálticas catiônicas: MC-0 e MC-1

O material betuminoso referido, deverá estar isento de água e obedecer a EM-6/1.966.

Agregado miúdo

O agregado miúdo, quando necessário, deverá ser pedrisco com 100% de material passando na peneira n.° 4 (4,76mm) e isento de substâncias nocivas e impurezas.

Equipamentos

Vassourões manuais ou vassoura mecânica
Equipamento de aquecimento e distribuição de material betuminoso
Trator agrícola
Caminhão irrigador (pipa)

Método de execução

III-12.1/III-12.2 Varredura, limpeza e secagem da superfície

Deverá ser feita com vassourões manuais ou vassoura mecânica e de modo que remova completamente toda terra, poeira e outros materiais estranhos, sem cortá-la ou danificá-la. No caso de base de macadame hidráulico, a varredura deverá prosseguir até que os fragmentos de pedra entrosados, que compõem o macadame, sejam descobertos e limpos, mas não desalojados.

A limpeza deverá ser feita com tempo suficiente para permitir que a superfície seque perfeitamente antes da aplicação do material betuminoso.

O material removido pela limpeza terá o destino que a fiscalização determinar.

III-12.3 Distribuição do material betuminoso

A aplicação será feita por distribuidor sob pressão. Nos limites de temperatura de aplicação especificados na EM-6/1.966 e na razão de 1 a 1,5 l/m^2 (litros por metro quadrado), para cimentos asfálticos diluídos CM-30 e CM-70 e à razão de 1,6 a 2,5 l/m^2 (litros por metro quadrado), para emulsões asfálticas MC-0 e MC-l.

Deverá ser feita nova aplicação de material betuminoso nos lugares onde, a juízo da fiscalização, houver deficiência dele.

III-12.4 Repouso da imprimação

Depois de aplicada, a imprimação deverá permanecer em repouso durante o período de endurecimento ou que o material betuminoso seque.

A superfície imprimada deverá ser conservada em perfeitas condições, até que seja executado o revestimento.

III-12.5 Esparrame de agregado miúdo

Sobre os lugares onde houver excesso de material betuminoso, deverá ser espalhado o agregado miúdo especificado nessa instrução, antes da execução do revestimento.

Critério de medição e pagamento

A remuneração se fará por m^2 (metro quadrado), ou seja, pela área impermeabilizada.

III-13 Imprimação ligante betuminosa

Descrição de serviços

Consistirá na aplicação de material betuminoso diretamente sobre uma superfície betuminosa, de concreto ou de paralelepípedos, já existente, para assegurar sua perfeita ligação com um revestimento betuminoso.

São as seguintes operações que devem ser seguidas na execução do serviço:

III-13.1 - Varredura e limpeza da superfície;
III-13.2 - Secagem da superfície;
III-13.3 - Distribuição do material betuminoso;
III-13.4 - Repouso da imprimação.

Material betuminoso

Emulsões asfálticas

   Ruptura rápida: RR-1C, RR-2C e RR-MC
   Ruptura média: RM-1C e RM-2C
   Ruptura lenta: RL-1C

Asfaltos diluídos (exceto para superfícies betuminosas)

   CR-70

   O material betuminoso deverá estar isento de água e obedecer a EM-6 e EM-7.

Equipamentos

   Vassouras manuais ou vassoura mecânica
   Distribuidor, com aquecimento e sob pressão, mecânico
   Distribuidor manual (mangueira ou caneta)
   Caminhão irrigador (pipa)

Método de execução

III-13.1 Varredura e limpeza da superfície

A varredura da superfície a ser imprimida deverá ser feita com vassourões manuais ou vassoura mecânica, de modo que remova completamente toda terra, poeira e outros materiais estranhos, sem cortá-la ou danificá-la.

O material removido pela limpeza terá o destino que a fiscalização determinar.

III-13.2 Secagem da superfície

Quando o material betuminoso a ser utilizado for asfalto diluído, a superfície deverá estar completamente seca.

III-13.3 Distribuição do material betuminoso

O material betuminoso deverá ser aplicado por um distribuidor sob pressão, equipado com aros pneumáticos e que distribua o material em jato uniforme, sem falhas, nos limites de temperatura de aplicação especificados na EM-6 e EM-7 e na razão de 0,5 a 1,2 l/m^2 (litro por metro quadrado).

Deverá ser feita nova aplicação, com o distribuidor manual nos lugares onde, a critério da fiscalização, houver deficiência dele.

III-13.4 Repouso da imprimação

Depois de aplicada, deverá ficar em repouso, até que seque e endureça suficientemente para receber o revestimento.

A superfície imprimada deverá ser conservada em perfeitas condições, até que a mesma seja revestida.

Critério de medição e pagamento

A remuneração se fará por m^2 (metro quadrado), ou seja, pela área imprimada.

III-14 Revestimento com concreto asfáltico, faixa A (sem transporte)

III-15 Revestimento com concreto asfáltico, faixa B (sem transporte)

III-16 Revestimento com concreto asfáltico faixa IV-B do I.A. (sem transporte)

III-17 Revestimento com pré-misturado, à quente, graduação densa (sem transporte)

A execução destes serviços consistirá no revestimento, com uma camada de mistura, devidamente dosada e misturada, à quente, constituída de agregado mineral graduado e material betuminoso, espalhado e comprimido, à quente.

Equipamentos

Usina misturadora, sistema de aquecimento, filtros etc.;
Vibroacabadora
Rolos compressores
Caminhão irrigador (pipa)
Carreta

Método de execução

III-14.1/15.1/16.1/17.1 - Preparo dos materiais;
III-14.2/15.2/16.2/17.2 - Preparo da mistura betuminosa (dosagem e usinagem);
III-14.3/15.3/16.3/17.3 - Transporte e espalhamento;
III-14.4/15.4/16.4/17.4 - Compressão e acabamento.

III-14.1/15.1/16.1/17.1 Preparo dos materiais

O agregado mineral deverá apresentar a seguinte granulometria:

Designação da peneira		Percentagem de material que passa			
Abertura		Granulometria			
ASTM	mm	A	B	IV-B	PMQ
3/4"	19,100	100	-	100	-
1/2"	12,700	95-100	100	80-100	100
3/8"	9,520	-	92-100	70-90	80-90
n° 4	4,760	60-80	74-90	50-70	60-72
n° 8	2,380	44-60	60-80	34-54	46-56
n° 30	0,590	-	-	-	24-34
n° 40	0,420	25-35	30-50	14-26	-
n° 50	0,297	-	-	-	17-25
n° 80	0,177	18-27	16-32	9-18	12-20
N° 200	0,074	6-12	6-12	5-10	7-11

Para as quatro graduações, a fração retida entre qualquer par de peneiras, não deverá ser inferior a 4% do total.

50% da fração que passa na peneira n.° 200 deverá ser constituída de "filler" calcário.

A brita deverá consistir de fragmentos angulares, limpos, duros, tenazes e isentos de fragmentos moles ou alterados, de fácil desintegração. Deverá apresentar boa adesividade. A areia deverá ser lavada e isenta de substâncias nocivas, tais como: argila, mica, matéria orgânica etc.

O "filler" deverá ser constituído de pó calcário, cimento Portland ou cal hidratada. Deverá ser utilizado seco e isento de pelotas. A granulometria apresentada deverá ser a seguinte:

Designação da peneira (Abertura)		Percentagem do material que passa
ASTM	mm	
n°30	0,590	100
n°100	0,149	85
n°200	0,074	65

O material betuminoso a ser empregado deverá ser o cimento asfáltico de penetração 50-60 (CAP 20), obedecendo a EM-5.

III-14.2/15.2/16.2/17.2 Preparo da mistura betuminosa (dosagem e usinagem)

Antes do início dos serviços deverá ser encaminhado, para exame e aprovação, o projeto da mistura betuminosa. Deverá ser citado neste projeto a procedência dos agregados. Caso a procedência seja mudada, o projeto da mistura betuminosa deverá ser refeito. O projeto deverá ser executado com o procedimento indicado pelo método Marshall (ME-42), ou seja, para condições de vazios, estabilidade e fluência, que devem satisfazer os seguintes valores:

Pressão interna prevista	(1lb/pol^2)	100
Vazios	(%)	3 a 5
Relação betume/vazios	(%)	75 a 85
Estabilidade mínima	(lb)	500
Fluência	(1/100")	8 a 18
Vazios no agregado mineral	(%) (mínimo)	15

As frações dos agregados deverão ser reunidas na proporção tal que componham o agregado na graduação especificada.

O agregado deverá ser misturado seco através de aquecimento, não superando, em hipótese alguma, a temperatura do material betuminoso em mais de 15°C, devendo ao ser lançado na mistura estar, de preferência, na temperatura de aquecimento prevista para o ligante que deverá estar compreendida entre 140/160°C.

A mistura não poderá deixar a usina com temperatura inferior a 135°C.

A temperatura de espalhamento da mistura não poderá ser inferior a 120°C.

A usinagem será efetuada pelo tempo mínimo de 30 segundos, devendo o aglutinante envolver completamente o agregado.

III-14.3/15.3/16.3/17.3 Transporte e espalhamento

A mistura será transportada em caminhões basculantes. Deverá ser recoberta por encerado, para evitar perda de temperatura.

Caso o tempo esteja sujeito a intempérie, como chuva, não será permitido sequer a usinagem.

As superfícies internas das básculas poderão ser lubrificadas levemente com óleo fino, para evitar a aderência da mistura às paredes da mesma.

A mistura somente poderá ser espalhada depois da superfície subjacente ter sido aceita pela fiscalização.

A superfície de contato da sarjeta com a camada a ser executada deverá ser pintada com uma camada delgada de material betuminoso, emulsão asfáltica de quebra rápida, a uma temperatura compreendida entre 20/50°C.

A mistura betuminosa deverá ser espalhada de forma tal que permita a obtenção de uma camada, na espessura indicada, sem novas adições.

III-14.4/15.4/16.4/17.4 Compressão e acabamento

Inicia-se a rolagem, quando a temperatura da mistura estiver compreendida entre 80/120°C. A compressão deverá começar nos lados e progredir, longitudinalmente, para o centro, de modo que os rolos cubram uniformemente, em cada passada, pelo menos a metade da largura do seu rastro da passagem anterior.

Nas curvas, a rolagem deverá progredir do lado mais baixo para o mais alto, paralelamente ao eixo da via, e nas mesmas condições de recobrimento do rastro.

Os rolos compressores deverão operar nas passagens iniciais, de modo que as faixas das juntas transversais ou longitudinais, na largura de 0,15 m, não sejam comprimidas.

Depois de espalhada a camada adjacente, a compactação da mesma deverá abranger a faixa de 0,15 m da camada anterior.

A compactação deverá prosseguir até que a textura e o grau de compactação da camada se tornem uniformes e a sua superfície, perfeitamente comprimida, não apresente sinais dos rolos.

Os rolos compressores deverão operar numa velocidade compreendida entre 3,5/5 km/h. Poderá ser utilizada água para impedir a aderência da mistura às rodas dos rolos compressores, não se permitindo excessos.

Não serão permitidas manobras sobre a camada que estiver sendo compactada.

Nos lugares inacessíveis ao equipamento de compactação, os mesmos serão rolados por meio de compactador manual. As depressões ou saliências que apareçam após a compressão deverão ser corrigidas pelo afofamento, regularização e recompactação da mistura, até que a mesma adquira densidade igual a do material circunjacente.

Deverá existir, junto à usina misturadora, laboratório que permita a realização de ensaios destinados ao controle tecnológico da mistura produzida.

Deverão ser executados os seguintes controles, durante a usinagem da mistura e execução do serviço:

- Uniformidade de granulometria de cada um dos agregados: 1 ensaio, periodicamente;
- Quantidade de ligante: controlada periodicamente;
- Graduação da mistura de agregados: deverá ser efetuada periodicamente, 2 amostras de cada vez, sendo que uma das amostras deverá ser colhida após dosagem, sem ligante;

- Temperatura: tanto na usina como no local de aplicação. Na usina deverão ser controladas e anotadas as temperaturas dos agregados, do ligante e da mistura betuminosa. No local de aplicação, as temperaturas de espalhamento e de início de rolagem.

Os caminhões transportadores deverão conter, anotados, temperatura da mistura na usina, hora de saída e hora de chegada ao destino. Na camada acabada, a fiscalização executará as seguintes verificações:

- Uniformidade de espessura: a espessura média de um trecho não deve diferir de mais de 8% da espessura projetada. Diferenças locais não devem ser superiores a 12%;
- A densidade aparente do material extraído da pista será executada de acordo com o ME 45, não sendo inferior a 95% da densidade aparente de projeto;
- O teor de ligante será determinado de acordo com o ME-44 e não deverá diferir em mais de 0,5% do teor do projeto;
- A granulometria será realizada com os agregados resultantes da determinação do teor de ligante.

A distribuição granulométrica não deve afastar-se da do projeto mais do que as seguintes tolerâncias:

% passando na peneira 1/4" e maiores	± 7%
% passando na peneira n.° 4	± 5%
% passando na peneira n.° 8	± 5%
% passando na peneira n.° 40	± 5%
% passando na peneira n.° 80	± 3%
% passando na peneira n.° 200	± 2%

Critério de medição e pagamento

Será efetuado por m^3 (metro cúbico) de revestimento, executado de acordo com o projetado. Caso seja executado em desacordo com o projeto, deverá existir autorização por escrito da fiscalização.

O transporte do usinado será pago em item próprio.

III-18 Fresagem à frio (sem transporte)

Consiste na remoção ou raspagem do revestimento asfáltico com as finalidades seguintes:

- Reciclagem;
- De ondulações (costelas de vaca, facões etc.) geradas por excesso de peso dos veículos, frenagem, derramamento de óleo diesel etc.;
- Exudação provocada por excesso de ligante;
- Criação de uma superfície áspera que permita a execução de novo revestimento;

- Recuperação do gabarito, sob os viadutos, para posterior revestimento;
- Não aumentando a carga (trem-tipo) das pontes e viadutos pelo simples recapeamento;
- Etc.

Equipamentos

Fresadora
Carreta
Caminhão irrigador (pipa)

Método de execução

III-18.1 - Determinação dos locais a serem analisados, sobre a conveniência ou não da execução de reparos no pavimento;
III-18.2 - Análise, por laboratório e indicação da solução a ser adotada;
III-18.3 - Análise, por laboratório do material fresado;
III-18.4 - Indicação do destino que será dado ao material fresado;
III-18.5 - Execução em função da destinação do material.

III-18.1 Determinações dos locais que deverão sofrer reparos

Constata-se, "in loco", que determinado pavimento deva ser objeto de manutenção em função de apresentar, pelo menos, uma das razões citadas acima.

III-18.2 Análise por laboratório e indicação da solução a ser adotada

Várias podem ser as causas da origem de deterioração dos pavimentos, como algumas que enumeraremos a seguir:
- Alteração do tipo de tráfego que se utiliza da via (mais pesado);
- Desgaste provocado pelo aumento do número de veículos;
- Deficiência de drenagem, provocando, com isto, a criação de buracos por entupimento da canalização;
- Envelhecimento do revestimento;
- Defeitos de execução do projeto;
- Defeitos de execução dos serviços;
- Aparecimento de buracos, provocados pelo derramamento de óleo diesel;
- Defeitos de execução dos serviços; provocados pela localização da obra, na época da execução;
- A constante abertura de valas para recuperação de equipamentos de concessionárias de serviço público etc.

III-18.3 Análise por laboratório do material fresado

Caso a solução adotada seja a da fresagem, o material removido deverá ser analisado por laboratório, que fornecerá as características do mesmo.

III-18.4 Indicação do destino que será dado ao material fresado

A fiscalização poderá determinar se o material fresado será reciclado e reaplicado na via de origem, ou se o mesmo será aplicado em vias de periferia, ou ainda se será utilizado como sub-base, em locais de difícil obtenção de jazidas.

III-18.5 Execução em função da destinação do material

Após a demarcação dos lugares que serão fresados, a fresadora removerá o revestimento, descarregando o material fresado em caminhões basculantes, que o transportará para o local onde o mesmo será depositado ou processado.

Critério de medição e pagamento

A remuneração será efetuada por m^2 (metro quadrado) e em função da espessura executada. Para cada espessura haverá uma remuneração.

O transporte do material fresado será pago em item próprio

III-19 Revestimento com reciclado (sem transporte)

A execução deste serviço consistirá no revestimento do pavimento com material reciclado, ou seja, parte do material utilizado na usinagem e proveniente de pavimento em utilização, deteriorado pela oxidação do ligante ou em outras condições que o laboratório considere passível de reaproveitamento, rejuvenescido ou não, com material virgem.

Equipamentos

> Usina misturadora (*"drum-mix"*)
> Vibroacabadora
> Rolos compressores
> Caminhão irrigador (pipa)
> Carreta

Método de execução

III-19.1 Preparo dos materiais;

III-19.2 Preparo da mistura betuminosa (dosagem e usinagem);

III-19.3 Transporte e espalhamento;

III-19.4 Compressão e acabamento.

III-19.1 Preparo dos materiais

O agregado mineral deverá apresentar a seguinte granulometria, como sugestão:

| Designação das peneiras || Percentagem do material que passa ||
| Abertura || Granulometria ||
ASTM	mm	CBUQ Faixa A	"Binder", aberto
2"	50,800	-	-
1 1/2"	38,100	-	100
1"	25,400	-	83-100
3/4"	19,100	100	-
1/2"	12,700	95-100	40-70
3/8"	9,520	-	-
n°4	4,760	60-80	0-2
n°8	2,380	44-60	0-5
n°40	0,420	25-35	-
n°80	0,177	18-27	-
n°200	0,074	6-12	-

Para as duas graduações, a fração, retida entre qualquer par de peneiras, não deverá ser inferior a 4% do total.

50% da fração que passa na peneira n.° 200, deverá ser constituída de "filler" calcário.

A brita deverá consistir de fragmentos angulares, limpos, duros, tenazes e isentos de fragmentos moles ou alterados, de fácil desintegração. Deverá apresentar boa adesividade.

A areia deverá ser lavada e isenta de substâncias nocivas, tais como: argila, mica, matéria orgânica etc.

O "filler" deverá ser constituído de pó calcário, cimento Portland ou cal hidratada. Deverá ser utilizado seco e isento de pelotas. A granulometria apresentada deverá ser a seguinte:

| Designação da peneira (Abertura) || Percentagem do material que passa |
ASTM	mm	
n.° 30	0,590	100
n.° 100	0,149	85
n.° 200	0,074	65

O agente rejuvenescedor, caso necessário, será à base de maltenos (emulsão estável de maltenos) ou outros produtos que conduzam o ligante betuminoso às características exigidas para os cimentos asfálticos derivados de petróleo.

O material betuminoso a ser empregado deverá ser o cimento asfáltico de penetração 50-60 (CAP 20), obedecendo a EM-5, complementada pela CNP n.° 21/86.

III-19.2 Preparo da mistura betuminosa (dosagem e usinagem)

Antes do inicio dos serviços, deverá ser encaminhado para exame e aprovação o projeto da mistura betuminosa. Deverá ser citado, neste projeto, a procedência dos agregados virgens. Caso a procedência seja mudada, o projeto da mistura reciclada deverá ser refeito. O projeto deverá ser executado com o procedimento indicado pelo método de Marshall (ME-42 e ME-44), ou seja, para as condições de vazios, estabilidade e fluência, que devem satisfazer os seguintes valores:

	CBUQ Faixa A	"Binder; Aberto
Vazios (%)	3 a 5	4 a 6
Relação betume/vazios (%)	75 - 85	65 - 72
Estabilidade mínima (lb)	500	500
Fluência (1/100")	8 - 18	8 - 18

As frações dos agregados deverão ser reunidas na proporção tal, que componham o agregado na graduação especificada.

O agregado deverá ser misturado seco através de aquecimento, não superando, em hipótese alguma, a temperatura do material betuminoso em mais de 15°C, devendo, ao ser lançado na mistura, estar de preferência na temperatura de aquecimento prevista para o ligante, que deverá estar compreendido entre 140/160°C.

A mistura não poderá deixar a usina com temperatura inferior a 135°C.

A temperatura de espalhamento da mistura não poderá ser inferior a 120°C.

A usinagem será efetuada no material virgem, pelo tempo mínimo de 30 segundos, devendo o aglutinante envolver completamente o agregado.

III-19.3 Transporte e espalhamento

A mistura será transportada em caminhões basculantes. Deverá ser recoberta por encerado, para evitar perda de temperatura.

Caso o tempo esteja sujeito a intempérie, como chuva, não será permitido sequer a usinagem.

As superfícies internas das básculas poderão ser lubrificadas levemente com óleo fino, para evitar a aderência da mistura às paredes da mesma.

A mistura somente poderá ser espalhada depois da superfície subjacente ter sido aceita pela fiscalização.

A superfície de contato da sarjeta com a camada a ser executada deverá ser pintada com uma camada delgada de material betuminoso, emulsão asfáltica de quebra rápida, a uma temperatura compreendida entre 20/50°C.

A mistura betuminosa deverá ser espalhada de forma tal, que permita a obtenção de uma camada na espessura indicada, sem novas adições.

III-19.4 Compressão e acabamento

Inicia-se a rolagem, quando a temperatura da mistura estiver compreendida entre 80/120°C. A compressão deverá começar nos lados e progredir longitudinalmente para o centro, de modo que os rolos cubram uniformemente, em cada passada, pelo menos a metade da largura do seu rastro da passagem anterior.

Nas curvas, a rolagem deverá progredir do lado mais baixo para o mais alto, paralelamente ao eixo da via e nas mesmas condições de recobrimento do rastro.

Os rolos compressores deverão operar nas passagens iniciais, de modo que as faixas das juntas transversais ou longitudinais, na largura de 0,15m, não sejam comprimidas.

Depois de espalhada a camada adjacente, a compactação da mesma deverá abranger a faixa de 0,15m da camada anterior.

A compactação deverá prosseguir até que a textura e o grau de compactação da camada se tornem uniformes e a sua superfície, perfeitamente comprimida, não apresente sinais dos rolos.

Os rolos compressores deverão operar numa velocidade compreendida entre 3,5/5km/h. Poderá ser utilizada água para impedir a aderência da mistura às rodas dos rolos compressores, não se permitindo excessos.

Não serão permitidas manobras sobre a camada que estiver sendo compactada.

Nos lugares inacessíveis ao equipamento de compactação, os mesmos serão rolados por meio de compactador manual.

As depressões ou saliências que apareçam após a compressão deverão ser corrigidas pelo afofamento, regularização e recompactação da mistura, até que a mesma adquira densidade igual a do material circunjacente.

Deverá existir, junto à usina misturadora (*"drum-mix"*), laboratório que permita a realização de ensaios destinados ao controle tecnológico da mistura produzida.

Deverão ser executados os seguintes controles durante a usinagem da mistura e execução do serviço:

- Uniformidade de granulometria de cada um dos agregados: 1 ensaio, periodicamente;
- Quantidade de ligante: controlada periodicamente;
- Graduação da mistura de agregados: deverá ser efetuada periodicamente, 2 amostras de cada vez, sendo que uma das amostras deverá ser colhida após dosagem, sem ligante;

- Temperatura: tanto na usina como no local de aplicação. Na usina deverão ser controladas e anotadas as temperaturas dos agregados, do ligante e da mistura betuminosa. Os caminhões transportadores deverão conter, anotados, temperatura da mistura na usina, hora de saída e hora de chegada ao destino.

Na camada acabada, a fiscalização executará as seguintes verificações:

- Uniformidade de espessura: a espessura média de um trecho não deve diferir de mais de 8% da espessura projetada. Diferenças locais não devem ser superiores a 12%;
- A densidade aparente do material extraído da pista será executada de acordo com o ME-45, não sendo inferior a 95% da densidade aparente de projeto;
- O teor de ligante será determinado de acordo com o ME-44 e não deverá diferir em mais de 0,5% do teor do projeto;
- A granulometria será realizada com os agregados resultantes da determinação do teor de ligante.

A distribuição granulométrica não deve afastar-se da do projeto mais do que as seguintes tolerâncias:

% passando na peneira 1/4" e maiores	± 7%
% passando na peneira n.° 4	± 5%
% passando na peneira n.° 8	± 5%
% passando na peneira n.° 40	± 5%
% passando na peneira n.° 80	± 3%
% passando na peneira n.° 200	± 2%

Critério de medição e pagamento

Será efetuado por m³ (metro cúbico) de revestimento, com reciclado, executado de acordo com o projetado. Caso seja executado em desacordo com o projeto, deverá existir autorização por escrito da fiscalização.

O transporte do reciclado será pago em item próprio.

III-20 TRANSPORTE DE USINADOS E DE MATERIAL FRESADO

Consiste no deslocamento do material processado ou removido para o local de aplicação ou de armazenamento.

Equipamento

Caminhão provido de báscula

Método de execução

No caso do material processado, verifica-se a capacidade da báscula. Pesa-se antes e após a carga.

Unta-se levemente a caçamba com óleo fino, para evitar a aderência às paredes da báscula.

O material processado transportado deverá ser recoberto com encerado, para evitar perda de caloria.

No caso de aplicação de usinados, o caminhão basculante deverá estacionar à frente da vibroacabadora, permitindo que a mesma encoste na parte traseira e, em ponto morto, ser empurrado, descarregando lentamente a carga na caçamba do equipamento de espalhamento.

Na usina deverá ser medida a temperatura da mistura na báscula. No local de descarga, também. Se a mistura estiver, na usina, a uma temperatura inferior a 135°C, o material não poderá ser transportado. Se ao chegar à obra, a temperatura medida for inferior a 120°C, o usinado não poderá ser descarregado para fins de espalhamento.

Critério de medição e pagamento

A remuneração se fará por m³ × km (metro cúbico por quilômetro) transportado.

III-21 CONSTRUÇÃO DE PAVIMENTO DE CONCRETO APARENTE f_{ck} = 21,3 MPa

Pavimentos de concreto por processo mecânico

Descrição de serviços

O preparo do pavimento de concreto por processo mecânico, consiste dos seguintes serviços:

- Assentamento das formas e preparo para a concretagem;
- Preparo da caixa para o lançamento do concreto;
- Preparo e lançamento do concreto;
- Espalhamento e adensamento do concreto;
- Juntas;
- Preparo e colocação da ferragem;
- Acabamento final e cura.

Materiais

Todos os materiais empregados deverão satisfazer os requisitos das especificações correspondentes e só poderão ser usados na obra após sua aprovação pela fiscalização.

O armazenamento dos materiais deverá ser feito com os necessários cuidados, de modo a garantir a preservação de suas qualidades.

A localização dos depósitos e a disposição dos materiais nele armazenados deverão facilitar a inspeção dos mesmos.

- Cimento Portland
  - Somente o cimento Portland comum é considerado na presente instrução.
  - O cimento Portland comum deverá obedecer a especificação EM-1, sendo admitido o cimento a granel.
  - O cimento deverá ser suficientemente protegido das intempéries, da umidade do solo e de outros agentes nocivos às suas qualidades.
- Agregados para concreto
  - Os agregados miúdo e graúdo devem satisfazer à especificação EM-3.
  - Os agregados de tipos e procedências diferentes, devidamente identificados, deverão ser depositados em plataformas separadas, onde não haja possibilidade de se misturarem com outros agregados ou com materiais estranhos que venham a prejudicar suas qualidades; também no seu manuseio deve-se tomar precaução para evitar essa mistura, assim como a segregação.
- Água
  - A água destinada ao amassamento e cura do concreto deve ser límpida e isenta de teores prejudiciais de sais, óleos, ácidos, álcalis e matéria orgânica. Presumem-se satisfatórias as águas potáveis.
- Aço para as barras de transferência e barras de ligação
  - Na presente instrução somente se consideram as barras laminadas de aço CA-50 para o concreto armado.
  - No recebimento das barras laminadas de aço comum para concreto armado, devem ser observadas as exigências da especificação EB/3 da ABNT.
- Material de enchimento das juntas especiais
  - A madeira a ser usada nas juntas será o pinho, sem nós e partes duras, ou outras madeiras moles.
  - Outros materiais, como por exemplo fibras tratadas, papelões e feltros betuminosos, cortiça, borracha esponjosa etc., poderão ser utilizados, a critério da fiscalização.
- Material para pintura das juntas
  - O material para pintura das juntas deverá ter a seguinte constituição:
    cimento asfáltico de penetração 85-100 (CAP 7) .... 66% em peso
    óleo de creosoto .... 14% em peso
    nafta .... 20% em peso
  - A nafta será adicionada à mistura a frio, após o aquecimento do cimento asfáltico e do óleo de creosoto.
- Material para enchimento das juntas
  - O material para enchimento das juntas deverá apresentar a seguinte constituição:
    cimento asfáltico de penetração 50-60 (CAP 20) .... 35% em peso
    cimento Portland .... 65% em peso
  - Poderá ser utilizado, a critério da fiscalização, outro material de enchimen-

to que deverá ser suficientemente adesivo ao concreto, impermeável à água, dútil, pouco extrusível, não devendo fluir nos dias mais quentes ou tornar-se quebradiço nas ocasiões de frio intenso. Exige-se que o material seja suficientemente resistente, a fim de impedir a penetração de materiais estranhos quando da utilização do pavimento.

- Papel impermeabilizante
  - O papel para revestir a superfície em que se apoia o pavimento será normalmente do tipo Kraft, impregnado de betume.
  - O peso do papel impregnado não deverá ser inferior a 200 g/m², sendo a quantidade de betume contida no papel no mínimo igual a 50% do peso deste antes do tratamento.
- Materiais de proteção para cura
  - O material usado na cura do concreto será, normalmente, tecido de juta, canhamo, algodão ou areia, papel impregnado de betume e pinturas especiais para cura.
- Concreto
  - O concreto será dosado racionalmente, de modo a obter-se com os materiais disponíveis uma mistura de trabalhabilidade adequada ao processo construtivo empregado, em um produto compacto, impermeável, satisfazendo as condições de resistência mecânica imposta pela especificação que deve acompanhar o projeto da placa.
  - A resistência à compressão do concreto é a verificada em corpos de prova cilíndricas, com idade de 7 a 28 dias, preparados de acordo com os métodos ME-37 ou ME-53 e rompidos de acordo com o método ME-38. Levando-se em conta que o concreto será vibrado, a energia de socamento do corpo de prova, de que trata o ME-37, deve ser aumentada, de modo a nele obter o grau de compacidade necessário.
  - O consumo de cimento será no mínimo de 350 kg/m³ de concreto.
  - A resistência mínima deverá ser de 180 kgf/cm² e média de 300 kgf/cm² no ensaio à compressão simples, a 28 dias de idade.
  - O diâmetro máximo do agregado graúdo deverá estar compreendido entre 1/3 e 1/4 do valor da espessura da placa, não devendo ultrapassar a 50 mm.
  - Durante a concretagem, o empreiteiro deverá zelar para que as características do concreto permaneçam satisfatórias, providenciando as ajustagens de traço que se fizerem necessárias.

Método de execução

- Trabalhos preliminares
  - A camada subjacente, de acordo com o projeto, será preparada com a forma prescrita na respectiva instrução.

- Assentamento das formas e preparo da concretagem
  - As formas serão assentadas de acordo com os alinhamentos indicados no projeto, uniformemente apoiadas sobre a camada subjacente e fixadas com ponteiros de aço, de modo a suportarem sem deformação ou movimentos

apreciáveis as solicitações inerentes ao trabalho. O topo das formas deverá coincidir com a superfície de rolamento prevista.
- O alinhamento e o nivelamento das formas deverão ser verificados e, se necessário, corrigidos, antes do lançamento do concreto.
- Quando se constatar insuficiência nas condições de apoio de qualquer forma, esta será removida e convenientemente reassentada.
- Assentadas as formas, procede-se a verificação do fundo da caixa com um gabarito nelas apoiado, corrigindo-se qualquer irregularidade onde necessário.
- Por ocasião da concretagem, as formas devem estar limpas e untadas com óleo, a fim de facilitar a desmoldagem.
- O empreiteiro deverá ter formas assentadas em uma extensão mínima de 100 m, a contar do ponto em que estiver sendo lançado o concreto.

- Preparo da caixa para o lançamento do concreto
  - Após o acerto do fundo da caixa de conformidade com o perfil transversal do projeto, a superfície será coberta com tiras de papel impermeabilizante. Na colocação do papel, as tiras devem ser superpostas em 10 cm, no máximo. O papel deverá ser mantido intacto até o lançamento do concreto.
  No caso do projeto não indicar o emprego de papel ou outro impermeabilizante, o fundo da caixa será suficientemente molhado antes do lançamento do concreto, tomando-se precauções para evitar formação de lama e poças de água.
  - Sobre a superfície pronta para receber o concreto não será permitido o tráfego de veículos ou equipamento.

- Preparo e lançamento do concreto
  - A medição dos materiais deve obedecer as seguintes condições:
  O cimento deve ser medido em peso, o que pode ser feito pela contagem de sacos (50 kg), não se tolerando neste caso o aproveitamento de sacos avariados;
  Os agregados de tipos diferentes, miúdo e graúdo, devem ser medidos separadamente, em peso ou em volume, considerando sempre nestas operações a influência da umidade;
  A quantidade de água a adicionar em cada traço, será determinada levando-se em consideração a umidade dos agregados. A quantidade total de água de amassamento não deve diferir mais de 3% do valor especificado.
  - O amassamento do concreto será feito sempre em betoneiras, que poderão estar localizadas ou no canteiro de serviço ou em instalações centrais fixas, ou montadas em caminhões.
  No caso de serem utilizadas instalações centrais fixas de amassamento, o concreto deverá ser transportado ao local de lançamento em caminhões misturadores.
  - O amassamento do concreto será feito sempre de modo contínuo, com duração de pelo menos um (1) minuto, a contar do momento em que todos os componentes tiverem sido lançados na betoneira.

- O intervalo máximo de tempo permitido entre o amassamento e o lançamento do concreto será de trinta (30) minutos.
- O concreto deve ser transportado para o local de amassamento de modo que não acarrete segregação dos componentes.
- O lançamento do concreto deverá ser feito de modo a reduzir o trabalho de espalhá-lo, evitando-se a segregação dos seus componentes.
- A produção de concreto deverá ser regulada de acordo com a marcha das operações de concretagem, num ritmo que garanta a necessária continuidade do serviço.

• Espalhamento e adensamento do concreto
- O espalhamento do concreto será executado à máquina e, quando necessário, auxiliado com ferramentas de mão, evitando-se sempre a segregação dos materiais. O concreto deverá ser distribuído em excesso por toda a largura da faixa em execução e rasado a uma altura conveniente para que, após as operações de adensamento e acabamento, seja obtida em qualquer ponto do pavimento a espessura do projeto.
- O adensamento do concreto será feito por vibração superficial, exigindo-se, entretanto, o emprego de vibradores de imersão, sempre que a vibração superficial se mostrar insuficiente (próximo às formas, na execução de juntas), ou quando a espessura do pavimento o exigir.
- O acabamento mecânico da superfície será feito imediatamente após o adensamento do concreto.
- O equipamento vibroacabador deverá passar, em um mesmo local, tantas vezes quantas forem necessárias ao perfeito adensamento do concreto, e para que a superfície do pavimento fique no greide e perfil transversal do projeto, pronta para o acabamento final.
- As depressões observadas à passagem da máquina serão imediatamente corrigidas com concreto fresco, sendo vedado o emprego de argamassa para esse fim.
- Deve-se evitar um número excessivo de passagens do equipamento pelo mesmo trecho.
Em sua última passagem, o equipamento acabador deverá deslocar-se continuamente, numa distância mínima de 12m.
- As superfícies em que se apóia o equipamento vibroacabador devem ser mantidas limpas, de modo a permitirem o perfeito rolamento das máquinas e garantirem a obtenção de um pavimento sem irregularidades superficiais.

• Juntas
- Todas as juntas longitudinais e transversais devem estar de conformidade com as posições indicadas no projeto, não se permitindo desvios de alinhamento ou de posição superiores a 10mm. As juntas deve ser contínuas em todo o seu comprimento.
- Juntas longitudinais
    O pavimento será executado em faixas longitudinais, devendo a posição

das juntas em construção coincidir com a das juntas longitudinais indicadas no projeto.

Quando a junta em construção for de tipo macho-fêmea, ou de tipo de articulação, retirada a forma o bordo será pintado com betume, servindo de molde para a execução da faixa adjacente.

Quando a junta longitudinal for do tipo enfraquecida, os sulcos destinados a receber o material de vedação serão executados no concreto fresco, logo após o seu adensamento e acerto pelo equipamento vibroacabador, devendo a superfície do pavimento ser corrigida de todas as irregularidades decorrentes desta operação.

Quando for adotada junta serrada, a mesma será executada após o endurecimento do concreto.

- Juntas transversais

    As juntas transversais deverão ser retilíneas e normais ao eixo do pavimento, salvo situações particulares indicadas no projeto.

    Deverão ser executadas de modo que as operações de acabamento final da superfície possam processar-se continuamente, como se as juntas não existissem.

    Quando a junta transversal for dotada de barras de transferência, sua instalação deverá ser procedida à frente do ponto em que estiver sendo lançado o concreto, com antecedência bastante para perfeita execução. Deverão ser empregados sistemas de fixação que assegurem a permanência das barras em sua posição correta durante a concretagem. O lançamento do concreto adjacente à junta será feito com pás, simultaneamente de ambos os lados, de modo a não deslocar o dispositivo instalado. O adensamento será feito cuidadosamente ao longo de toda a junta, com vibradores de imersão que não deverão entrar em contato com o sistema de fixação e barras de transferência. Adensado o concreto adjacente à junta, procede-se ao acabamento mecânico da superfície com as necessárias precauções para que, à passagem do equipamento, a junta não seja deslocada.

- Juntas transversais de contração tipo secção enfraquecida

    As secções serão enfraquecidas através de sulcos no concreto fresco, com as dimensões indicadas no projeto, executados com lâminas de aço apropriadas. A superfície do pavimento deve ser corrigida de todas as irregularidades decorrentes desta operação. De preferência, os sulcos deverão ser executados com serras especiais, logo após o endurecimento do concreto.

- Juntas transversais de construção

    Ao fim de cada jornada de trabalho, ou sempre que a concretagem tiver de ser interrompida por mais de 45 minutos, será executada uma junta de construção, cuja posição, sempre que possível, deverá coincidir com a da junta de contração.

    Na confecção da junta de construção utiliza-se uma madeira de largura

igual a da placa, que poderá ser dotada de furos nas posições indicadas no projeto, de diâmetro igual ao das barras de transferência. A madeira é removida com cuidado, antes do prosseguimento da concretagem.
- Juntas especiais

    Sempre que uma placa do pavimento encontrar a face de uma obra de arte, haverá neste caso uma junta transversal de dilatação de 15 a 20 mm de espessura, preenchida com madeira mole (pinho sem nós) ou material adequado.

    No entroncamento de duas pistas, a junta comum às duas será do tipo macho-fêmea, com bordo espessado.

    Ao longo das sarjetas de concreto e na sua face de contato com a placa, haverá uma junta longitudinal do tipo macho-fêmea ou de bordo espessado.

- Enchimento das juntas
    - O material de vedação de juntas só poderá ser aplicado quando os sulcos dos mesmos estiverem secos e limpos.
    - Colocação do material vedante

        Preliminarmente os sulcos destinados a receber o material vedante devem ser completamente limpos, empregando-se para isso ferramentas com pontas em cinzel que penetrem na ranhura das juntas, vassouras de fios duros e jato de ar comprimido.

- Pintura da junta

    Após a limpeza da junta, a mesma será pintada com material indicado no item: "Acabamento final".

    Sendo o material de vedação aplicado à quente, a operação de aquecimento deverá ser cuidadosamente controlada, a fim de que a temperatura não se eleve a ponto de prejudicar suas propriedades.

    A temperatura de aquecimento dos vedantes betuminosos deve apenas permitir que os mesmos derretam e apresentem consistência e adesividade adequada durante a aplicação.

    O material de vedação deve ser cautelosamente derramado no interior dos sulcos, sem respingar a superfície, e em quantidade suficiente para encher a junta sem transbordamento. Após o resfriamento, será completado o enchimento onde for constatada insuficiência da quantidade de material aplicado.

    Quando for necessário impedir que o material de vedação seja levantado pelo tráfego eventual, um ou dois minutos após o enchimento da junta a superfície exposta do material vedante deverá ser polvilhada com areia fina ou pó de pedra.

- Preparo e colocação de ferragem
    - Barras de ligação (ligadores)

        As barras de aço utilizadas como ligadores, de diâmetro e comprimento indicados no projeto, devem estar limpas antes de sua colocação, isentas de óleo ou qualquer substância que prejudique sua aderência ao concre-

to. Serão colocadas nas posições igualmente indicadas pelo projeto, cuidando-se para que não sejam deslocadas ao ser executado o serviço.
- Barras de transferência (passadores)

    Os passadores, de diâmetro e comprimento indicados no projeto, serão barras lisas, retas, sem qualquer deformação que possa prejudicar o seu deslizamento no interior do concreto. Serão colocadas nas posições indicadas no projeto, devendo o sistema de fixação empregado mantê-las, durante a concretagem, rigorosamente normais ao plano das juntas.

    Cada barra terá uma metade livre, que deverá estar isenta de ferrugem e será previamente pintada com tinta à base de zarcão. Imediatamente antes da colocação das barras na posição, esta metade será untada com graxa ou óleo grosso.

- Acabamento final
    - Imediatamente após a passagem do equipamento vibroacabador, será executado um desempenamento longitudinal com uma desempenadeira apropriada, disposta paralelamente ao eixo longitudinal do pavimento. Manobrada com um movimento de vai-vem, a desempenadeira passará gradualmente de um ao outro lado do pavimento, após o que avançará de uma distância no máximo igual à metade de seu comprimento.
    - O excesso de água da superfície será removido por meio de rodos. Enquanto o concreto estiver ainda plástico, será procedida a verificação da superfície, em toda a largura da faixa, com uma régua de 3 m, disposta paralelamente ao eixo longitudinal do pavimento e avançando de cada vez no máximo metade do seu comprimento. Qualquer depressão encontrada será imediatamente cheia com concreto fresco, rasada, compactada e devidamente acabada, e qualquer saliência será cortada e igualmente acabada. Não será permitida a utilização de argamassa para os acertos de depressões da placa.
    - Logo após o desaparecimento da água superficial, procede-se ao acabamento final com uma tira de lona. Esta deve ser colocada na direção transversal e operada num movimento rápido de vai-vem, deslocando-se ao mesmo tempo na direção longitudinal do pavimento.
    - Antes do início da pega, as peças usadas na moldagem das juntas serão retiradas e, com ferramentas adequadas, afeiçoadas todas as arestas de acordo com o projeto. Qualquer porção de concreto que caia no interior do sulco de uma junta deverá ser prontamente removida.
    - Desmoldagem

        As formas só poderão ser retiradas quando decorrerem pelo menos 12 horas após a concretagem. A fiscalização poderá, entretanto, fixar prazos maiores até no máximo de 26 horas. Durante a desmoldagem serão tomados os necessários cuidados para evitar o esborcinamento das placas.

- Cura
    - O período de cura deve ser no mínimo de 7 dias, comportando duas fases distintas. As faces laterais das placas, expostas pela remoção das formas, deverão ser imediatamente protegidas, de modo a terem condições de cura análoga ás superfícies do pavimento.

Período inicial de cura

Após o acabamento final, a superfície do pavimento deverá ser coberta com tiras bem molhadas de tecido de algodão ou aniagem. As tiras devem ser cuidadosamente colocadas, com uma superposição mínima de 10cm, fazendo-se logo que possível, sem danificar a superfície da placa. O tecido permanecerá sobre a superfície do pavimento durante pelo menos 24 horas, devendo ser conservado constantemente molhado por irrigações freqüentes. A insuficiência de cobertura, sua colocação tardia ou a falta de irrigação não serão admitidas.

Período final de cura

Decorridas as primeiras 24 horas, quando não se desejar manter pelo restante do período de cura o mesmo processo usado no período inicial, poder-se-á usar um lençol de água ou uma camada, de pelo menos 3 cm de espessura, de areia ou pó de pedra, mantida permanentemente molhada. Outros processos poderão ser empregados, a critério da fiscalização.

- Nos trechos submetidos à cura, sob nenhum pretexto será admitido o trânsito de veículos e animais.

- Controle e recebimento da obra
  - Resistência à compressão

    A resistência do concreto à compressão será verificada pela fiscalização, através do rompimento aos 7 e 28 dias de corpos de prova cilíndricos moldados e curados no canteiro de serviço. A moldagem e o rompimento dos corpos de prova serão feitos de acordo com o ME-37 e ME-38, devendo ser retirados no mínimo três (3) corpos de prova para cada 300m² de pavimento de pontos escolhidos pela fiscalização, de modo a bem caracterizar a área concretada.

    A resistência do concreto, característica de determinado trecho de pavimento, será a média aritmética dos resultados obtidos com os corpos de prova correspondentes. Serão eliminados os resultados que se afastarem de mais de 20% da média. Se, contudo, mais de 1/3 dos corpos de prova se afastarem mais de 15%, todos os resultados da série devem ser desprezados.

    Quando a resistência média obtida, conforme o item acima, for igual ou superior a 85% do valor previsto, o pavimento será ACEITO quanto a esta exigência. Em caso contrário, ou quando todos os resultados de uma série forem desprezados, conforme disposto no item acima *"in fine"*, o trecho correspondente será considerado SUSPEITO.

    De cada trecho considerado suspeito, a fiscalização fará extrair, a intervalos aproximadamente iguais, no mínimo três (3) corpos de prova cilíndricos de geratrizes normais à superfície do pavimento, para serem submetidos a ensaios de ruptura de acordo com o ME-40.

    Quando as resistências de, todos os corpos de prova extraídos forem iguais ou superiores a 85% do valor previsto, o trecho do pavimento será ACEITO quanto a esta exigência, impondo-se contudo que a idade dos corpos de prova na ocasião da ruptura seja no máximo 60 dias. Quando a resistência de qualquer corpo de prova não for superior a 85% do valor previsto, a fiscalização fará extrair e ensaiar novos corpos de prova de todas as placas, as quais o corpo de prova representam. Serão ACEITAS ou REJEITADAS as placas correspondentes, desde que os corpos de prova extraídos satisfaçam ou não a exigência de 85% ou mais da resistência prescrita. As placas rejeitadas pela fiscalização serão removidas e reconstruídas de acordo com a presente instrução.

- Espessura

A espessura do pavimento será verificada pela fiscalização através de corpos de prova cilíndricos de diâmetro mínimo igual a 5 cm, extraídos do pavimento em pontos escolhidos. Devem ser retirados no mínimo dois (2) corpos de prova para cada 1.000 m² de pavimento. Para o mesmo fim, poderão ser utilizados os corpos de prova que tenham sido extraídos para verificação da resistência.

Quando a medida da espessura dos corpos de prova não revelar insuficiência de espessura, superior a 1 cm da espessura de projeto, o pavimento será ACEITO quanto a esta exigência.

Quando qualquer corpo de prova revelar insuficiência de espessura superior a 1 cm, a fiscalização fará extrair novos corpos de prova da área suspeita, em número suficiente para bem .caracterizar as placas deficientes. Serão então aceitas ou rejeitadas as placas correspondentes, conforme satisfizerem ou não os corpos de prova a exigência. As placas rejeitadas pela fiscalização serão removidas e reconstruídas de acordo com a presente instrução.

- Verificação da superfície

A superfície do pavimento será verificada pela fiscalização com uma régua de 3 m de comprimento, disposta paralelamente ao eixo longitudinal do pavimento.

Quando a superfície não apresentar irregularidades superiores a 5mm, o pavimento será aceito quanto a esta exigência. Trechos apresentando irregularidades superiores a 5 mm serão corrigidos por meio de processo de abrasão e, na impossibilidade, serão rejeitados pela fiscalização. As placas rejeitadas pela fiscalização serão removidas e reconstruídas de acordo com a presente instrução.

Quando as placas apresentarem trincas durante o período de 28 dias após a sua execução, as mesmas serão rejeitadas, removidas e reconstruídas de acordo com a presente instrução.

- Abertura ao tráfego

Normalmente o pavimento pronto só deverá ser aberto ao tráfego decorridos no mínimo 28 dias da concretagem, e após sua verificação e recebimento pela fiscalização.

A antecipação da abertura ao tráfego, quando necessário, poderá ser feita pela fiscalização, que deverá proceder as verificações do item "Cura" desta instrução, sendo o pavimento aceito, quanto à resistência, conforme resultados obtidos em ensaios de resistência de corpos de prova com pelo menos 7 dias de idade.

Equipamentos

- A construtora deverá dispor, na obra, de todos os equipamentos necessários ao correto andamento dos serviços.
  - Equipamento para a confecção do concreto

    A confecção do concreto deverá ser feita em usina dosadora e misturada em caminhão betoneira, quando da utilização do trem de concretagem operando sobre formas e trilhos.

    Os equipamentos deverão ser munidos de dispositivos tais que não permitam erros maiores que 2% para o cimento e agregados e 1,5% para a água.

    Eles devem garantir também concreto homogêneo, descarga sem segregação da mistura e ter capacidade que permita continuidade nas operações de concretagem.
  - O equipamento para transporte do concreto deverá ser caminhão betoneira, caminhão caçamba do tipo "*Dumpcrete*" ou caminhão basculante, desde que não provoquem segregação ou perda dos componentes da mistura.
  - Equipamento para espalhamento, adensamento e acabamento

    Trem de concretagem operando sobre formas e trilhos.

    Será composto das seguintes unidades:

    Distribuidora de concreto;

    Máquina aspersora para cura;

    Rotor frontal;

    Serra de disco diamantado;

    Vibroacabadora e, opcionalmente, acabadora diagonal.

    A unidade vibratória da acabadora deverá alcançar no mínimo 3.500 vibrações por minuto. As formas laterais de concretagem, que servem também de apoio e guia ao equipamento espalhador e de acabamento, deverão ser metálicas e suficientemente rígidas, de modo a suportar sem deformação apreciável as solicitações do serviço.

    As formas deverão guiar as máquinas empregadas e permitir seu perfeito rolamento.

    A superfície que se apóia sobre o terreno terá no mínimo 20 cm de largura, nas formas de metal de até 20 cm de altura e largura no mínimo igual à altura, no caso de formas mais altas. As formas devem possuir, a intervalos máximos de 1m, dispositivos que garantam sua perfeita fixação ao solo e posterior remoção, sem prejuízo para o pavimento executado.

    O sistema de união das formas deve ser tal que permita uma ajustagem correta e impeça qualquer desnivelamento ou desvio.

    Formas torcidas, empenadas ou amassadas não poderão ser usadas.

    Verificadas com uma régua de 3 m, nenhum ponto no topo deverá afastar-se mais de 3mm e, na face lateral, de mais de 5mm.

    Nas curvas de raio inferior a 30 m deverão ser usadas formas curvas ou flexíveis.

    O canteiro de serviço deverá dispor de gabaritos que permitam a verificação dos perfis transversais de projeto.

- Equipamento para execução de juntas

    A execução de juntas, tanto transversais como longitudinais, poderá ser feita pelo processo de moldagem da ranhura com o concreto ainda fresco ou pelo emprego de serra de disco diamantado, na largura e na profundidade indicadas em projeto.

    No caso de juntas longitudinais de secção enfraquecida, admite-se, excepcionalmente, a critério da fiscalização, o processo de abertura da junta através da inserção de perfis metálicos ou de plástico rígido, com o concreto ainda fresco.

    No processo de abertura da junta por moldagem da ranhura, o equipamento mínimo será composto por régua tipo T, de aço, dispositivos adequados de vibração, ferramentas para arredondamento dos bordos, desempenadeiras e pontes de serviço.

    No processo de abertura da junta pelo emprego de serra de disco de diamante, o equipamento é a própria máquina prevista no item anterior.

    No processo de abertura da junta através da inserção de perfis metálicos ou de plástico rígido, o equipamento constará de unidade apropriada, dispondo de guias para a inserção, por compressão do material, que servirá a unidade de concretagem.

- Apetrechos para acabamento final da superfície

    Desempenadeiras para acerto longitudinal de bordos ou de juntas, quando moldadas, apetrechos ou dispositivos para dar acabamento à superfície do concreto e réguas de 3 m de comprimento para controle.

    Os apetrechos ou dispositivos são:

    Tiras ou faixas de lona;

    Vassouras de piaçava;

    Vassouras de fios metálicos;

    Vassouras de fios de náilon;

    Pentes de fios metálicos;

    Tubos metálicos, providos de mossas e saliências superficiais. A escolha do tipo de apetrecho ou dispositivo a ser usado, dependerá das condições ambientais, o tipo e as características das solicitações, a topografia e a geometria do pavimento.

- Equipamento para limpeza e selagem de juntas

    No canteiro de obras deverá haver disponibilidade de todos os apetrechos necessários para a limpeza e selagem das juntas, de acordo com os tipos de materiais selantes previstos no projeto.

- Equipamentos para controle de pavimentação

    Laboratório para controle de dosagem dos materiais, da qualidade do concreto e dos demais serviços de pavimentação.

III-22 Pavimentos de concreto por processo manual

Descrição de serviços

O preparo do pavimento de concreto por processo manual, consiste dos seguintes serviços:
- Assentamento das formas e preparo para a concretagem;
- Preparo da caixa para o lançamento do concreto;
- Preparo e lançamento do concreto;
- Espalhamento e adensamento do concreto;
- Juntas;
- Preparo e colocação da ferragem;
- Acabamento final.

Materiais

Os materiais devem ser depositados em locais que facilitem a inspeção e as operações de carga e descarga.

- Cimento Portland
    - Somente o cimento Portland comum é considerado na presente instrução.
    - O cimento Portland comum deverá obedecer a especificação EM-1, sendo admitido o cimento a granel.
    - O cimento deverá ser suficientemente protegido das intempéries, da umidade do solo e de outros agentes nocivos às suas qualidades.

- Agregados para concreto
    Os agregados serão "miúdo" e "graúdo", sendo o miúdo areia natural ou artificial e o graúdo pedra britada ou pedregulho.
    - Os agregados miúdo e graúdo devem satisfazer à especificação EM-3.
    - Os agregados de tipos e procedências diferentes, devidamente identificados, deverão ser depositados em plataformas separadas, onde não haja possibilidade de se misturarem com outros agregados ou com materiais estranhos que venham a prejudicar suas qualidades; também no seu manuseio deve-se tomar precaução para evitar essa mistura, assim como a segregação.

- Água
    - A água destinada ao amassamento e cura do concreto deve ser límpida e isenta de teores prejudiciais de sais, óleos, ácidos, álcalis e matéria orgânica. Presumem-se satisfatórias as águas potáveis.

- Aço para as barras de transferência e barras de ligação
    - Na presente instrução somente se consideram as barras laminadas de aço comum CA-25 para o concreto armado, observadas as exigências da especificação EB-3.

- Material para pintura das juntas
  - O material para pintura das juntas deverá ter a seguinte constituição:
    cimento asfáltico de penetração 85-100 (CAP 7) ....66% em peso
    óleo de creosoto ....14% em peso
    nafta..20% em peso
  - A nafta será adicionada à mistura a frio, após o aquecimento do cimento asfáltico e do óleo de creosoto.

- Materiais de enchimento das juntas

    Os materiais de enchimento das juntas são os utilizados na sua parte superior e, em alguns casos de juntas especiais, na parte inferior.

  - Material de enchimento da parte superior das juntas
    O material de enchimento deverá apresentar a seguinte constituição:
    cimento asfáltico de penetração 50-60 (CAP 20) ....35% em peso
    cimento Portland ....65% em peso
      Poderá ser utilizado, a critério da fiscalização, outro material de enchimento que deverá ser suficientemente adesivo ao concreto, impermeável à água, dútil, pouco extrusível, não devendo fluir nos dias mais quentes ou tornar-se quebradiço nas ocasiões de frio intenso. Exige-se que o material seja suficientemente resistente, a fim de impedir a penetração de materiais estranhos quando da utilização do pavimento.
  - Material de enchimento da parte inferior das juntas
      Para enchimento da parte inferior das juntas, será usada madeira, de preferência o pinho, sem nós e partes duras, ou outras madeiras moles. Outros materiais, como por exemplo fibras tratadas, papelões e feltros betuminosos, cortiça, borracha esponjosa etc., poderão ser utilizados a critério da fiscalização.

- Papel impermeabilizante
  - O papel para revestir a superfície em que se apóia o pavimento será normalmente do tipo Kraft, impregnado de 50% do seu peso de betume.

- Materiais de proteção para cura
  - O material usado na cura do concreto será, normalmente, tecido de juta, cânhamo, algodão, areia, papel impregnado de betume e pinturas especiais para cura.

- Concreto
  - O concreto será dosado racionalmente, de modo a obter-se com os materiais disponíveis uma mistura de trabalhabilidade adequada ao processo construtivo empregado e um produto compacto, impermeável, satisfazendo as condições de resistência mecânica, bem como do abatimento no cone de consistência (*"slump test"*), determinado de acordo com o ME-52, previstas no projeto.
  - A resistência à compressão do concreto é a verificada em corpos de prova cilíndricos, com idade de 7 a 28 dias, preparados de acordo com os métodos

ME-37 ou ME-53 e rompidos de acordo com o método ME-38, Levando-se em conta que o concreto será vibrado, a energia de socamento do corpo de prova de que trata o ME-37 deve ser aumentada, de modo a nele obter o grau de compacidade necessário.
- O consumo de cimento será no mínimo de 350 kg/m^3 de concreto.
- A resistência mínima deverá ser de 180 kgf/cm^2 e média de 300 kgf/cm^2 no ensaio à compressão simples, a 28 dias de idade.
- O diâmetro máximo do agregado graúdo deverá estar compreendido entre 1/3 e 1/4 da espessura da placa, não devendo ultrapassar a 50 mm.
- Durante a concretagem, o empreiteiro deverá zelar para que as características do concreto permaneçam satisfatórias, providenciando as ajustagens de traço que se fizerem necessárias.

Método de execução

- Trabalhos preliminares
  - A camada subjacente, de acordo com o projeto, será preparada com a forma prescrita na respectiva instrução.

- Assentamento das formas e preparo para a concretagem
  - As formas serão assentadas de acordo com os alinhamentos indicados no projeto, uniformemente apoiadas sobre a camada subjacente e fixadas com ponteiros de aço, de modo a suportarem sem deformação ou movimentos apreciáveis as solicitações inerentes ao trabalho. O topo das formas deverá coincidir com a superfície de rolamento prevista.
  - Quando se constatar insuficiência nas condições de apoio de qualquer forma, esta será removida e convenientemente reassentada.
  - O alinhamento e o nivelamento das formas deverão ser verificados e, se necessário, corrigidos, antes do lançamento do concreto.
  - Assentadas as formas, procede-se à verificação do fundo da caixa com um gabarito nelas apoiado, corrigindo-se qualquer irregularidade, onde necessário.
  - Por ocasião da concretagem, as formas devem estar limpas e untadas com óleo, a fim de facilitar a desmoldagem.

- Preparo da caixa para o lançamento do concreto
  - Após o acerto do fundo da caixa de conformidade com o perfil transversal do projeto, a superfície será coberta com tiras de papel impermeabilizante. Na colocação do papel, as tiras devem ser superpostas de 10 cm, no mínimo. O papel deverá ser mantido intacto até o lançamento do concreto.

    No caso do projeto não indicar o emprego de papel ou outro impermeabilizante, o fundo da caixa será suficientemente molhado antes do lançamento do concreto, tomando-se precauções para evitar formação de lama e poças de água.
  - Sobre a superfície pronta para receber o concreto não será permitido o tráfego de veículos ou equipamento.

- Preparo e lançamento do concreto
  - A medição dos materiais deve obedecer as seguintes condições:
    O cimento deve ser medido em peso, o que pode ser feito pela contagem de sacos (50 kg), não se tolerando neste caso o aproveitamento de sacos avariados;
    Os agregados de tipos diferentes, miúdo e graúdo, devem ser medidos separadamente, em peso ou em volume, considerando sempre nestas operações a influência da umidade;
    A quantidade de água a adicionar em cada traço, será determinada levando-se em consideração a umidade dos agregados. A quantidade total de água de amassamento não deve diferir mais de 3% do valor especificado.
  - O amassamento do concreto será feito sempre em betoneiras, que poderão estar localizadas ou no canteiro de serviço ou em instalações centrais fixas, ou montadas em caminhões.
    No caso de serem utilizadas instalações centrais fixas de amassamento, o concreto deverá ser transportado ao local de lançamento em caminhões misturadores.
  - O amassamento do concreto será feito sempre de modo contínuo, com duração de pelo menos um (1) minuto, a contar do momento em que todos os componentes tiverem sido lançados na betoneira.
  - O intervalo máximo de tempo permitido entre o amassamento e o lançamento do concreto será de trinta (30) minutos.
  - O concreto deve ser transportado para o local de amassamento, de modo que não acarrete segregação dos componentes.
  - O lançamento do concreto deverá ser feito de modo a reduzir o trabalho de espalhá-lo, evitando-se a segregação dos seus componentes.
  - A produção de concreto deverá ser regulada de acordo com a marcha das operações de concretagem, num ritmo que garanta a necessária continuidade do serviço.
- Espalhamento e adensamento do concreto
  - O espalhamento do concreto será executado manualmente com ferramentas de mão, tais como pás, enxadas etc., evitando-se sempre a segregação dos materiais. O concreto deverá ser distribuído com ligeiro excesso por toda a largura da faixa, de maneira que, após o adensamento e acabamento, seja obtida, em qualquer ponto do pavimento, a espessura do projeto.
  - O adensamento do concreto será feito por vibração superficial, viga vibradora e chapa vibradora, exigindo-se, entretanto, o emprego de vibradores de imersão, próximo ás formas, na execução de juntas e sempre que a vibração superficial se mostrar insuficiente, ou ainda quando a espessura do pavimento ou condições locais o exigirem.
  - O acabamento da superfície será feito imediatamente após o adensamento do concreto com o auxílio da viga vibradora.
    A viga vibradora deverá passar em um mesmo local, tantas vezes quantas forem necessárias ao perfeito acabamento do concreto, a fim de que

a superfície do pavimento fique no greide e perfil transversal do projeto, pronta para o acabamento final.

As depressões observadas à passagem da máquina serão imediatamente corrigidas com concreto fresco, sendo vedado o emprego de argamassa para esse fim.

Deve-se evitar um número excessivo de passagens do equipamento pelo mesmo trecho.

As superfícies em que se apóia a viga vibradora devem ser mantidas limpas, de modo a permitirem o perfeito rolamento das máquinas e garantirem a obtenção de um pavimento sem irregularidades superficiais.

- Juntas
  - Todas as juntas longitudinais e transversais devem estar de conformidade com as posições indicadas no projeto, não se permitindo desvios de alinhamento ou de posição superiores a 10mm. As juntas deve ser contínuas em todo o seu comprimento.
  - Juntas longitudinais

    O pavimento será executado em faixas longitudinais, devendo a posição das juntas em construção coincidir com a das juntas longitudinais indicadas no projeto.

    Quando a junta em construção for de tipo macho-fêmea, ou de tipo de articulação, retirada a forma o bordo será pintado com betume, servindo de molde para a execução da faixa adjacente.

    Quando a junta longitudinal for do tipo secção enfraquecida, os sulcos destinados a receber o material de vedação serão executados no concreto fresco, com emprego de um perfil T metálico, logo após o seu adensamento e acerto pela viga vibradora, devendo a superfície do pavimento ser corrigida de todas as irregularidades decorrentes desta operação.

    Quando for adotada junta serrada, a mesma será executada após o endurecimento do concreto.

    Quando a introdução do perfil T metálico for difícil, adapta-se sobre ela a chapa vibradora.
  - Juntas transversais

    As juntas transversais deverão ser retilíneas, normais ao eixo do pavimento, salvo situações particulares indicadas no projeto.

    Deverão ser executadas de modo que as operações de acabamento final da superfície possam processar-se continuamente, como se as juntas não existissem.

    Quando a junta transversal for dotada de barras de transferência, sua instalação deverá ser procedida à frente do ponto em que estiver sendo lançado o concreto, com antecedência bastante para sua perfeita execução. Deverão ser empregados sistemas de fixação que assegurem a permanência das barras em sua posição correta durante a concretagem. O lançamento do concreto adjacente à junta será feito com pás, simultaneamente de ambos os lados, de modo a não deslocar o dispositivo instalado. O adensamento será feito cuidadosamente ao longo de toda a junta, com vibradores de imersão, que não deverão entrar em contato com o sistema de fixação e barras de transferência. Adensado o concreto adjacente à junta, procede-se ao acabamento mecânico da superfície com as necessárias precauções para que, à passagem do equipamento, a junta não seja deslocada.

- Juntas transversais de contração tipo secção enfraquecida

    As secções serão enfraquecidas através de sulcos no concreto fresco, com as dimensões indicadas no projeto, executados com lâminas de aço apropriadas. A superfície do pavimento deve ser corrigida de todas as irregularidades decorrentes desta operação. De preferência, os sulcos deverão ser executados com serras especiais, logo após o endurecimento do concreto.

- Juntas transversais de construção

    Ao fim de cada jornada de trabalho, ou sempre que a concretagem tiver de ser interrompida por mais de 45 minutos, será executada uma junta de construção, cuja posição, sempre que possível, deverá coincidir com a da junta de contração.

    Na confecção da junta de construção utiliza-se uma madeira de largura igual a da placa, que poderá ser dotada de furos nas posições indicadas no projeto, de diâmetro igual ao das barras de transferência. A madeira é removida com cuidado, antes do prosseguimento da concretagem.

- Juntas especiais

    Sempre que uma placa do pavimento encontrar a face de uma obra de arte, haverá, neste caso, uma junta transversal de dilatação de 15 a 20mm de espessura, preenchida com madeira mole (pinho sem nós) ou material adequado.

    No entroncamento de duas pistas, a junta comum às duas será do tipo macho-fêmea, com bordo espessado.

    Ao longo das sarjetas de concreto e na sua face de contato com as placas, haverá uma junta longitudinal do tipo macho-fêmea ou de bordo espessado.

- O material de vedação de juntas só poderá ser aplicado quando os sulcos dos mesmos estiverem secos e limpos.

- Colocação do material vedante

    Preliminarmente, os sulcos destinados a receber o material vedante devem ser completamente limpos, empregando-se para isso ferramentas com pontas em cinzel, que penetrem na ranhura das juntas, vassouras de fios duros e jato de ar comprimido.

Pintura da junta

Após a limpeza da junta, a mesma será pintada com o material indicado no item: "Espalhamento e adensamento do concreto".

Sendo o material de vedação aplicado à quente, a operação de aquecimento deverá ser cuidadosamente controlada, a fim de que a temperatura não se eleve a ponto de prejudicar suas propriedades.

A temperatura de aquecimento dos vedantes betuminosos deve apenas permitir que os mesmos derretam e apresentem consistência e adesividade adequada durante a aplicação.

O material de vedação deve ser cautelosamente derramado no interior dos sulcos, sem respingar a superfície, e em quantidade suficiente para encher a junta sem transbordamento. Após o resfriamento, será completado o enchimento onde for constatada insuficiência da quantidade de material aplicado.

Quando for necessário impedir que o material de vedação seja levantado pelo tráfego eventual, um ou dois minutos após o enchimento da junta, a superfície exposta do material vedante deverá ser polvilhada com areia fina ou pó de pedra.

- Preparo e colocação de ferragem
  - Barras de ligação (ligadores)

    As barras de aço utilizadas como ligadores, de diâmetro e comprimento indicados no projeto, devem estar limpas antes de sua colocação, isentas de óleo ou qualquer substância prejudique sua aderência ao concreto. Serão colocadas nas posições igualmente indicadas pelo projeto, cuidando-se para que não sejam deslocadas ao ser executado o serviço.

  - Barras de transferência (passadores)

    Os passadores, de diâmetro e comprimento indicados no projeto, serão barras lisas, retas, sem qualquer deformação que possa prejudicar o seu deslizamento no interior do concreto.

    Serão colocadas nas posições indicadas no projeto, devendo o sistema de fixação empregado mantê-las, durante a concretagem, rigorosamente normais ao plano das juntas.

    Cada barra terá uma metade livre, que deverá estar isenta de ferrugem e será previamente pintada com tinta à base de zarcão. Imediatamente antes da colocação das barras na posição, esta metade será untada com graxa ou óleo grosso.

- Acabamento final
  - Imediatamente após a passagem da viga vibradora, será executado um desempenamento longitudinal com uma desempenadeira e rodos de madeira apropriados, dispostos paralelamente ao eixo longitudinal do pavimento. Manobradas com um movimento de vai-vem, a desempenadeira ou rodo passará gradualmente de um ao outro lado do pavimento, após o que avançará de uma distância no máximo igual à metade do seu comprimento. Qualquer defeito será corrigido após, por meio de uma desempenadeira manual de madeira ou metálica.
  - O excesso de água da superfície será removido por meio de rodos com aresta de borracha. Enquanto o concreto estiver ainda plástico, será procedida a verificação da superfície, em toda a largura da faixa, com uma régua de 3 m, disposta paralelamente ao eixo longitudinal do pavimento e avançando de

- cada vez no máximo metade do seu comprimento. Qualquer depressão encontrada será imediatamente cheia com concreto fresco, rasada, compactada e devidamente acabada, e qualquer saliência será cortada e igualmente acabada. Não será permitida a utilização de argamassa para os acertos de depressões da placa.
- Logo após o desaparecimento da água superficial, procede-se ao acabamento final com uma tira de lona. Esta deve ser colocada na direção transversal e operada num movimento rápido de vai-vem, deslocando-se ao mesmo tempo na direção longitudinal do pavimento. Durante a operação, a lona deve ser freqüentemente lavada, de modo a impedir a formação de crostas de concreto na sua superfície.
- Antes do início da pega, as peças usadas na moldagem das juntas serão retiradas e, com ferramentas adequadas, afeiçoadas todas as arestas de acordo com o projeto. Qualquer porção de concreto que caia no interior do sulco de uma junta deverá ser prontamente removida.
- Para operações de acabamento final que se tenham de realizar na região central da placa, os operários deverão trabalhar de cima de pontes de serviço móveis.
- Desmoldagem
    As formas só poderão ser retiradas quando decorrerem pelo menos 12 horas após a concretagem. A fiscalização poderá, entretanto, fixar prazos maiores até no máximo de 26 horas. Durante a desmoldagem serão tomados os necessários cuidados para evitar o esborcinamento das placas.
- Cura
  - O período de cura deve ser no mínimo de 7 dias, comportando duas fases distintas. As faces laterais das placas, expostas pela remoção das formas, deverão ser imediatamente protegidas, de modo a terem condições de cura análoga às da superfície do pavimento.
    Período inicial de cura
    Após o acabamento final, a superfície do pavimento deverá ser coberta com tiras bem molhadas de tecido de algodão ou aniagem. As tiras devem ser cuidadosamente colocadas, com uma superposição mínima de 10cm, fazendo-se logo que possível, sem danificar a superfície da placa. O tecido permanecerá sobre a superfície do pavimento durante pelo menos 24 horas, devendo ser conservado constantemente molhado por irrigações freqüentes. A insuficiência de cobertura, sua colocação tardia ou a falta de irrigação não serão admitidas.
    Período final de cura
    Decorridas as primeiras 24 horas, quando não se desejar manter pelo restante do período de cura o mesmo processo usado no período inicial, poder-se-á usar um lençol de água ou uma camada, de pelo menos 3 cm de espessura, de areia ou pó de pedra, mantida permanentemente molhada. Outros processos poderão ser empregados, a critério da fiscalização.
  - Nos trechos submetidos à cura, sob nenhum pretexto será admitido o trânsito de veículos e animais.

- Controle e recebimento da obra
  - Resistência à compressão

  A resistência à compressão será verificada pela fiscalização, através do rompimento aos 7 e 28 dias de corpos de prova cilíndricos moldados e curados no canteiro de serviço. A moldagem dos corpos de prova serão feitos de acordo com o ME-37 ou ME-53, e o rompimento de acordo com o ME-38, devendo ser retirados no mínimo três (3) corpos de prova para cada 150 m² de pavimento de pontos escolhidos pela fiscalização, de modo a bem caracterizar a área concretada.

  A resistência característica do concreto de determinado trecho de pavimento, será a média aritmética dos resultados obtidos com os corpos de prova correspondentes. Serão eliminados os resultados que se afastarem mais de 20% da média. Se, contudo, mais de 1/3 dos corpos de prova se afastarem de mais de 15%, todos os resultados da série devem ser desprezados. Quando a resistência média obtida for igual ou superior a 85% do valor previsto, o pavimento será ACEITO quanto a esta exigência. Em caso contrário, ou quando todos os resultados de uma série forem desprezados, o trecho correspondente será considerado SUSPEITO.

  De cada trecho considerado suspeito, a fiscalização fará extrair, a intervalos aproximadamente iguais, no mínimo três (3) corpos de prova cilíndricos de geratrizes normais à superfície do pavimento, para serem submetidos a ensaios de ruptura de acordo com o ME-40.

  Quando as resistências de todos os corpos de prova extraídos forem iguais ou superiores a 85% do valor previsto, o trecho do pavimento será aceito quanto a esta exigência, impondo-se contudo que a idade dos corpos de prova na ocasião da ruptura seja no máximo de 60 dias. Quando a resistência de qualquer corpo de prova não for superior a 85% do valor previsto, a fiscalização fará extrair e ensaiar novos corpos de prova de todas as placas, as quais os corpos de prova representam, podendo ser aceitas ou rejeitadas as placas correspondentes, desde que os corpos de prova extraídos satisfaçam ou não a exigência de 85% ou mais da resistência prescrita. As placas rejeitadas pela fiscalização serão removidas e reconstruídas, de acordo com a presente instrução.

  A espessura do pavimento será verificada pela fiscalização através de corpos de prova cilíndricos de diâmetro mínimo igual a 5 cm, extraídos do pavimento em pontos escolhidos. Devem ser retirados no mínimo dois (2) corpos de prova para cada 1000 m² de pavimento. Para o mesmo fim, poderão ser utilizados os corpos de prova que tenham sido extraídos para verificação da resistência.

  Quando a medida da espessura dos corpos de prova não revelar insuficiência de espessura superior a 1 cm da espessura de projeto, o pavimento será aceito quanto a esta exigência.

  Quando qualquer corpo de prova revelar insuficiência de espessura superior a 1 cm, a fiscalização fará extrair novos corpos de prova da área suspeita, em número suficiente para bem caracterizar as placas deficientes.

Serão então aceitas ou rejeitadas as placas correspondentes, conforme satisfizerem ou não os corpos de prova a exigência. As placas rejeitadas pela fiscalização serão removidas e reconstruídas de acordo com a presente instrução.
- Verificação da superfície
A superfície do pavimento será verificada pela fiscalização com uma régua de 3 m de comprimento, disposta paralelamente ao eixo longitudinal do pavimento.
Quando a superfície não apresentar irregularidades superiores a 5mm, o pavimento será aceito quanto a esta exigência. Trechos apresentando irregularidades superiores a 5mm, serão corrigidos por meio de processo de abrasão e, na impossibilidade, serão rejeitados pela fiscalização. As placas rejeitadas pela fiscalização serão removidas e reconstruídas de acordo com a presente instrução.
Quando as placas apresentarem trincas durante o período de 28 dias após a sua execução, as mesmas serão rejeitadas, removidas e reconstruídas de acordo com a presente instrução.

- Abertura ao tráfego
Normalmente, o pavimento pronto só deverá ser aberto ao tráfego decorridos no mínimo 28 dias da concretagem, e após sua verificação e recebimento pela fiscalização.
A antecipação da abertura ao tráfego, quando necessária, poderá ser feita pela fiscalização, que deverá proceder as verificações do item "Cura" desta instrução, sendo o pavimento aceito, quanto à resistência, conforme resultados obtidos em ensaios de resistência de corpos de prova com pelo menos 7 dias de idade.

Equipamentos

Todo equipamento a ser usado na obra deve ser previamente aprovado pela fiscalização, estar em perfeito estado de funcionamento e ser mantido nestas condições. O empreiteiro deverá dispor na obra do equipamento necessário ao correto andamento dos serviços.

- Formas
  - As formas laterais de concretagem deverão ser de preferência metálicas e suficientemente rígidas, de modo a suportarem sem deformação apreciável as solicitações de serviço. Formas mistas de madeira e metal ou só de madeira poderão ser empregadas, desde que possuam uma espessura mínima de 5 cm.
  - As formas deverão ser assentadas à camada subjacente e ficarem suficientemente firmes, possuindo, para tal, a intervalos de 1m no máximo, dispositivos que garantam sua perfeita fixação e posterior remoção, sem prejuízo para o pavimento executado. O sistema de união das formas deve ser tal que permita uma ajustagem correta e impeça qualquer desnivelamento ou desvio.

Formas torcidas, empenadas ou amassadas não poderão ser usadas. Verificadas com uma régua de 3 m, nenhum ponto no topo deverá afastar-se mais de 3 mm e, na face lateral, de mais de 6mm.

Formas especiais com peça fixada ao longo de sua face interna serão utilizadas, quando se desejar obter bordo de placa com perfil de encaixe projetado para juntas de encaixe tipo macho-femea, ou com furos (devidamente dimensionados pelo projeto) que permitam a passagem da barra.

- Betoneiras
  - As betoneiras empregadas devem produzir um concreto homogêneo e realizar sua descarga sem segregação dos componentes. Devem ter uma capacidade tal que permita continuidade nas operações de concretagem.
  - As betoneiras devem possuir reservatório de água com medidores automáticos de descarga, que permitam a medida da água com um erro inferior a + ou – 1,5%. Este dispositivo deve ser constantemente aferido.
- Dispositivos de medidas de agregados
  - Os dispositivos para pesagem dos materiais, quer sejam unidades autônomas, quer façam parte dos silos dosadores, não deverão conduzir a erros superiores a + ou – 2%.
  - No caso de medição em volume, os recipientes destinados aos agregados devem trazer externamente, em caracteres bem legíveis, a designação do traço e do agregado a que se destinam.
- Equipamento para transporte do concreto
  Sendo o concreto produzido no canteiro da obra, o transporte do mesmo da betoneira até o local de lançamento será feito por caçamba que permita a descarga com espalhamento do material sem segregação. Podem ser utilizados, com o mesmo fim, carrinhos de mão com rodas de borracha.
- Equipamento de adensamento e acabamento inicial
  O adensamento do concreto será feito com viga vibradora, chapa vibradora e vibradores de imersão. O acabamento inicial será feito pela passagem da viga vibradora.
  - A viga vibradora deverá ser montada sobre um chassi de rodas, para movimentar-se sobre as formas, sendo deslocadas manualmente. Deverá operar de tal maneira que produza vibrações uniformes em toda a largura da faixa concretada.
  - As chapas vibradoras deverão ser portáteis, com peso não inferior a 60 quilos, com uma base de dimensões mínimas de 40 × 60 cm, com vibradores acionados por motores a gasolina ou elétricos.
  - Os vibradores de imersão deverão ser de dois (2) tamanhos de diâmetro de agulha, e que devem ser da ordem de 35 e 45 mm, com freqüência superior a 3.500 ciclos por minuto. O comprimento do eixo flexível dos vibradores deverá ser de 4 a 5 m.
- Equipamento para execução de juntas
  - Réguas de aço e perfis T metálicos para moldagem das juntas, ferramentas

metálicas para arredondamento das arestas, desempenadeiras metálicas e de madeira e pontes de serviço, móveis e de largura tal que se apóiem suas extremidades nas formas laterais, devem existir em número suficiente.
- Máquinas especiais, como serras, serão utilizadas preferencialmente.

- Apetrechos para acabamento final
  - Deverão existir em número suficiente os seguintes apetrechos de acabamento:
    Desempenadeiras de madeira de cabo longo, desempenadeiras comuns de madeira e metálicas, rodos de madeira bastante leves, de 1,5 a 2m no mínimo de comprimento, de aresta fina igualmente em madeira e de borracha, perfeitamente retilínea e munida de cabo longo, tiras de lona, dotadas de punhos com 20cm, no mínimo, de largura, e comprimento não inferior à largura da faixa concretada mais um metro, devendo ser leve e não apresentar costuras voltadas para a face alisadora.

- Equipamento para enchimento de juntas
  O empreiteiro deverá prover todos os apetrechos necessários à limpeza, pintura e enchimento de juntas, como sejam: vassouras de fios duros, ferramentas com ponta em cinzel que penetrem na ranhura das juntas, compressor de ar e mangueira de 12,7 a 19,05 mm (1/2" a 3/4"), dotada de bocal capaz de soprar a junta, caldeira de aquecimento de material betuminoso com termômetro (escala de 50°C a 200°C), vasilhame próprio para aplicação do material de vedação, baldes, pás etc.

- Equipamento de controle
  - O empreiteiro deverá dispor, na obra, dos serviços de laboratório para controle da dosagem e verificação da qualidade do concreto.
    Devem existir no canteiro de serviço réguas de 3 m de comprimento, preferivelmente metálicas para a verificação das formas e a superfície do pavimento pronto.

Critério de medição e pagamento

Por m³ (metro cúbico) de pavimento de concreto aparente, f_{ck} = 21,3 MPa executado.

III-23 Fornecimento e assentamento de paralelepípedos

Consiste no fornecimento e assentamento de paralelepípedos sobre base de concreto magro, de areia ou de pó de pedra.

Material

Paralelepípedos que deverão obedecer a EM-8.

Método de execução

Após execução da base de concreto magro, de areia ou pó de pedra, na espessura tal que, somada a do paralelepípedo, perfaça 0,20 m.

Os paralelepípedos serão espalhados sobre as bases com as faces de uso voltadas para cima. Deverão ser locadas longitudinalmente linhas de referência, uma no centro e duas nos terços da via, com estacas fixas de 10 em 10 m, obedecendo ao abaulamento previamente estabelecido, que normalmente é representado por uma parábola cuja flecha é de 1/50 da largura da pista a pavimentar.

A secções transversais serão fornecidas pelas linhas que se deslocam apoiadas nas linhas de referência nas sarjetas, nos acostamentos, guias ou cotas correspondentes.

O assentamento deverá progredir dos bordos para o centro. As fiadas deverão ser retilíneas e perpendiculares ao eixo da pista, procurando-se utilizar paralelepípedos de dimensões uniformes.

As juntas longitudinais de cada fiada assentada não devem ser coincidentes com a assentada anteriormente.

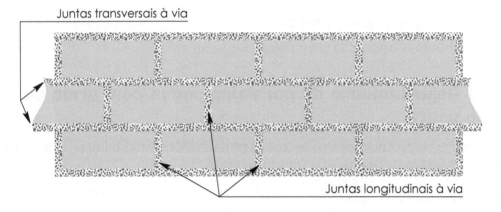

No caso de assentamento sobre base de concreto magro, o paralelepípedo deverá ser assentado antes de decorrida uma hora da mistura do concreto. A consistência do concreto deverá ser tal que assegure um assentamento estável, antes de seu endurecimento.

O paralelepípedo deverá ser assentado 0,01 m acima do nível previsto, de forma que o calceteiro deverá efetuar várias batidas com o martelo para deixá-lo na altura desejada. Depois de assentados, a parte superior de suas juntas não deverá exceder a 0,015m a cota prevista.

A superfície dos paralelepípedos assentados, verificada por uma régua de 3m de comprimento, disposta paralelamente ao eixo longitudinal do pavimento, não poderá exceder a um afastamento de 0,015 m da face inferior da régua.

Critério de medição e pagamento

Este serviço será remunerado pela área executada em m^2 (metro quadrado), incluindo o fornecimento do paralelepípedo.

III-24 Base de areia ou coxim de areia

Consiste no espalhamento de areia grossa, manualmente, sobre base ou sub-base existente.

A função principal do coxim de areia é permitir um adequado nivelamento do revestimento que será executado sobre o mesmo.

Material

Areia grossa, definida pela TE-1/1.965; é aquela cujos grãos têm diâmetro máximo compreendido entre 2,0 mm e 4,8 mm.

Método de execução

Após a descarga do material, o mesmo deverá ser espalhado manualmente, na medida que o serviço de revestimento for evoluindo.

Critério de medição e pagamento

Por m³ (metro cúbico) de coxim de areia executado.

III-25 Rejuntamento de paralelepípedos com areia ou pó de pedra

Consiste no preenchimento das juntas transversais e longitudinais, com a mesma areia utilizada na execução do coxim de areia.

Equipamentos

Rolo compactador CA-15A Dynapac ou similar
Carreta

Método de execução

Após o assentamento dos paralelepípedos sobre coxim de areia ou pó de pedra, deverá ser espalhada uma camada de areia grossa ou pó de pedra, e com ela serem preenchidas as juntas longitudinais e transversais.

Depois de varrido e removido o excesso, o calçamento deverá ser comprimido por meio de rolo compactador.

Após, as juntas deverão ser novamente preenchidas e o excesso retirado, podendo o calçamento ser entregue ao tráfego.

Critério de medição e pagamento

Por m² (metro quadrado) de paralelepípedo rejuntado.

III-26 Rejuntamento de paralelepípedos com argamassa de cimento e areia, no traço 1:3

Consiste no preenchimento das juntas transversais e longitudinais com argamassa de cimento e areia no traço 1:3.

Método de execução

Após o assentamento de paralelepípedos sobre base de concreto magro, deverá ser feita rigorosa limpeza das juntas. A argamassa deverá ter consistência tal que tenha uma boa penetração nas juntas. Será aplicada com a ajuda de colher de pedreiro, devendo a operação de enchimento ser efetuada tantas vezes quantas forem necessárias, para ser perfeita. Antes do início do endurecimento da argamassa, o calçamento deverá ser limpo do excesso, podendo-se usar, uma única vez, a irrigação e varredura para este fim.

A cura deverá ser conseguida mediante a cobertura da superfície com areia, que deverá ser abundantemente umedecida.

Após o período de cura, a superfície deverá ser varrida e removido o material proveniente da cobertura da superfície para tal fim, podendo o calçamento ser entregue ao tráfego.

Critério de medição e pagamento

Por m² (metro quadrado) de paralelepípedo rejuntado.

III-27 Rejuntamento de paralelepípedos com asfalto e pedrisco

Consiste no preenchimento das juntas transversais e longitudinais com asfalto e pedrisco.

Equipamentos

Rolo compactador CA-15A Dynapac ou similar
Caminhão espargidor
Carreta

Método de execução

Após o assentamento dos paralelepípedos sobre coxim de areia ou pó de pedra, deverá ser espalhada uma camada de pedrisco em quantidade suficiente para preencher 1/3 da altura das juntas.

Depois de varrido e removido o excesso, deverá ser efetuada a compressão, com rolo compactador. A seguir, com o auxílio de regador de bico fino, aplica-se diretamente nas juntas, em 2/3 de sua altura, emulsão asfáltica catiônica de ruptura rápida (RR-1C) ou cimento asfáltico de petróleo (penetrações: 50-60, 60-70 ou 85-100). Sobre o ligante será aplicada nova camada de pedrisco, em quantidade tal que preencha totalmente e com leve excesso o 1/3 restante, após a conclusão dos serviços. A superfície será varrida e removido o excesso do material, entregando-se ao tráfego o calçamento.

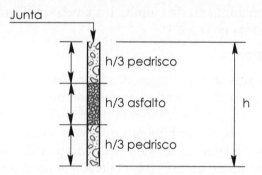

Os defeitos que porventura venham a surgir, deverão ser corrigidos. No caso de utilização de cimento asfáltico de petróleo como ligante, o pedrisco utilizado deverá estar seco.

No caso de utilização de emulsão asfáltica catiônica, deverão ser adicionados 20 litros de água para cada 100 litros de emulsão.

Critério de medição e pagamento

Por m² (metro quadrado) de paralelepípedo rejuntado.

III-28 Passeio de concreto $f_{ck} = 16,3$ MPa, inclusive preparo do subleito e lastro de brita

Descrição dos serviços

A execução de passeios de concreto, constará das seguintes etapas:

III-28.1 Preparo do subleito;
III-28.2 Execução de lastro de brita n.° 2;
III-28.3 Formas;
III-28.4 Preparo, lançamento e acabamento de concreto.

Equipamentos

Usina dosadora de concreto de cimento Portland
Caminhão betoneira

Método de execução

III-28.1 Preparo do subleito

A regularização, para conformação à secção transversal e longitudinal projetada e a compactação, será efetuada manualmente.

A compactação será realizada com soquetes com peso mínimo de 10 kg e secção não superior a 0,20 × 0,20 m.

III-28.2 Execução de lastro de brita n.° 2

Será executado na espessura de 3cm, compactada com soquetes.

III-28.3 Formas

As formas serão executadas com ripas de pinho de 1cm de espessura por 7 cm de altura e sobre o lastro de brita n.° 2. As mesmas servirão como juntas e deverão ser armadas na forma de retículos de 2 × 2 m.

III-28.4 Preparo, lançamento e acabamento de concreto (espessura 0,07 m)

A resistência mínima do concreto, no ensaio à compressão simples, a 28 dias de idade, deverá ser de 230 kgf/cm².
O concreto deverá ter plasticidade e umidade tais que possa ser facilmente lançado nas formas onde, convenientemente apiloado e alisado, deverá constituir uma massa compacta sem buracos ou ninhos.
A mistura do concreto deverá ser executada por processos mecânicos.
Antes do lançamento do concreto, devem ser umedecidas a base e as formas.
Após o apiloamento em que se constate o não haver vazios e falhas, a superfície deverá ser acabada com o auxílio de desempenadeiras de madeira, até apresentar-se lisa e uniforme.
O controle tecnológico deverá ser processado de conformidade com o ME-37/1.966 ou ME-53/1.967 e ensaiados de acordo com o ME-38/1.965.

Critério de medição e pagamento

A remuneração se fará por m³ (metro cúbico) de passeio de concreto executado (área executada × 0,07 m). Inclusos no preço:

- Preparo do subleito
- Lastro de brita n.° 2
- Formas.

III-29 Passeio de mosaico português, inclusive lavagem com ácido e preparo do subleito

Descrição dos serviços

A execução de passeios com mosaico português, constará das seguintes etapas:

III-29.1 Preparo do subleito;
III-29.2 Formas;

III-29.3 Execução de lastro de concreto f_{ck} = 10,7 MPa;
III-29.4 Execução de coxim, com argamassa de cimento e areia no traço 1:3;
III-29.5 Assentamento do mosaico português executado com basalto branco e preto;
III-29.6 Limpeza do passeio.

Equipamentos

Usina dosadora de concreto de cimento Portland
Caminhão betoneira

Método de execução

III-29.1 Preparo do subleito

A regularização, para conformação à secção transversal e longitudinal projetada e a compactação, será efetuada manualmente.

A compactação será realizada com soquetes com peso mínimo de 10 kg e secção não superior a 0,20 × 0,20 m.

III-29.2 Formas

As formas serão executadas com ripas de pinho de 0,01 m de espessura por 0,05 m de altura. As mesmas deverão ser mantidas, após a cura do concreto, para que sirvam como juntas de dilatação. Deverão ser armadas na forma de retículos de 2 × 2 m.

III-29.3 Execução de lastro de concreto f_{ck} = 10,7MPa (espessura 0,05 m)

A resistência mínima do concreto, no ensaio à compressão simples, a 28 dias de idade, deverá ser de 150 kgf/cm².

O concreto deverá ter plasticidade e umidade tais, que possa ser facilmente lançado nas formas onde, convenientemente apiloado e desempenado, deverá constituir uma massa compacta sem buracos ou ninhos.
A mistura do concreto deverá ser executada por processos mecânicos.
Antes do lançamento do concreto, devem ser umedecidas as formas e o subleito.
O controle tecnológico deverá ser processado de conformidade com o ME-37/1.966 ou ME-53/1.967 e ensaiado de acordo com o ME-38/1.965.

III-29.4 Execução de coxim, com argamassa de cimento e areia no traço 1:3 (espessura 0,05 m)

Sobre o lastro de concreto deverá ser lançado a argamassa de cimento e areia no traço 1:3.
O preparo da argamassa será função da evolução do assentamento do mosaico.
O espalhamento da argamassa também será função da velocidade de execução do mosaico, não se permitindo mais do que 1 hora o tempo entre o espalhamento da argamassa e o assentamento do mosaico.

III-29.5 Assentamento do mosaico português

O mosaico, descarregado ao lado do local de assentamento, deverá ser disposto sobre a argamassa na forma escolhida. Após o assentamento, o mosaico deverá ser compactado por soquetes manuais.

III-29.6 Limpeza do passeio

Após a cura do coxim de argamassa, o mosaico deverá ser varrido e limpo com ácido muriático.

Critério de medição e pagamento

A remuneração se fará por m² (metro quadrado) de mosaico português executado. Inclusos no preço:

- Preparo do subleito
- Lastro de concreto f_{ck} = 10,7 MPa
- Forma
- Argamassa de cimento e areia
- Lavagem com ácido muriático.

III-30 Passeio de ladrilho hidráulico, inclusive preparo do subleito

Descrição dos serviços

A execução de passeios com ladrilho hidráulico, constará das seguintes etapas:

III-30.1 Preparo do subleito;
III-30.2 Formas;
III-30.3 Execução de lastro de concreto f_{ck} = 10,7 MPa;
III-30.4 Execução de coxim, com argamassa de cimento e areia no traço 1:3;
III-30.5 Assentamento de ladrilho hidráulico;
III-30.6 Limpeza do passeio.

Equipamentos

Usina dosadora de concreto de cimento Portland
Caminhão betoneira

Método de execução

III-30.1 Preparo do subleito

A regularização, para conformação à secção transversal e longitudinal projetada e a compactação, será efetuada manualmente.
A compactação será realizada com soquetes com peso mínimo de 10 kg e secção não superior a 0,20 × 0,20 m.

III-30.2 Formas

As formas serão executadas com ripas de pinho de 0,01 m de espessura por 0,05 m de altura. As mesmas deverão ser mantidas, após a cura do concreto, para que sirvam como juntas de dilatação. Deverão ser armadas na forma de retículos de 2 × 2 m.

III-30.3 Execução de lastro de concreto f_{ck} = 10,7MPa (espessura 0,05 m)

A resistência mínima do concreto, no ensaio à compressão simples, a 28 dias de idade, deverá ser de 150kgf/cm².
O concreto deverá ter plasticidade e umidade tais, que possa ser facilmente lançado nas formas onde, convenientemente apiloado e desempenado, deverá constituir uma massa compacta sem buracos ou ninhos.
A mistura do concreto deverá ser executada por processos mecânicos.
Antes do lançamento do concreto, devem ser umedecidas as formas e o subleito.
O controle tecnológico deverá ser processado de conformidade com o ME-37/1.966 ou ME-53/1.967 e ensaiado de acordo com o ME-38/1.965.

III-30.4 Execução de coxim, com argamassa de cimento e areia no traço 1:3 (espessura 0,015 m)

Sobre o lastro de concreto deverá ser lançado a argamassa de cimento e areia no traço 1:3. O preparo e o espalhamento da argamassa serão funções da velocidade de assentamento do ladrilho hidráulico, não se permitindo mais do que 1 hora o tempo entre o espalhamento da argamassa e o assentamento.

III-30.5 Assentamento do ladrilho hidráulico (0,20 × 0,20 m)

O ladrilho, descarregado ao lado do local de assentamento, deverá ser disposto sobre a argamassa na forma escolhida. A compactação do ladrilho hidráulico será efetuado à medida que o mesmo for sendo assentado pelo cabo do martelo.

III-30.6 Limpeza do passeio

No fim de cada jornada de trabalho, o ladrilho deverá ser varrido e limpo.

Critério de medição e pagamento

A remuneração se fará por m² (metro quadrado) de ladrilho hidráulico executado. Inclusos no preço:

- Preparo do subleito
- Lastro de concreto f_{ck} = 10,7 Mpa
- Forma
- Argamassa de cimento e areia.

III-31 Tratamento de revestimento betuminoso, com Ancorsfalt

É um tratamento do revestimento asfáltico.

Sua aplicação visa proteger o revestimento contra a abrasão e corrosão, melhora a aderência dos pneus à superfície de contato, protege o revestimento contra o ataque de óleos, graxas, gasolina, solventes etc.

Equipamento

Pistolas ou espreiadores tipo "Airless"

Método de execução

O revestimento betuminoso deverá estar limpo, para que seja executado o serviço.

Dependendo da área a ser executada, será feita a escolha da maneira como o produto será aplicado, podendo, no caso de pequenas áreas, utilizar-se rolos de lã usadas em pinturas.

A quantidade de Ancorsfalt aplicada estará entre 0,50 a 0,95 kg/m^2

O tempo de secagem é de 25 minutos, à 25°C e a cura demorará cerca de 2 horas. Após a cura, o trecho poderá ser liberado ao tráfego.

Critério de medição e pagamento

Será por m^2 (metro quadrado) de Ancorsfalt aplicado.

III-32 Revestimento com brita n° 2 misturada ao solo local

Este revestimento, apesar de primário, melhora as condições de trafegabilidade no local onde o mesmo é executado.

Consiste simplesmente na adição de brita n° 2 ao solo local.

Equipamentos

Motoniveladora CAT 120B ou similar
Trator de pneus com grade de arrasto
Caminhão basculante
Caminhão irrigador (pipa)
Rolo compactador CA-15 P Dynapac ou similar
Rolo compactador CA-15 A Dynapac ou similar
Carreta
Rolo de pneus SP 8.000

Método de execução

Escarifica-se o solo local até uma profundidade de 0,15 m. Em seguida, pulveriza-se o mesmo. Distribui-se, sobre este solo pulverizado, uma camada de 0,06 m de brita n° 2 e mistura-se para que seja formada uma mistura íntima.

A água necessária será uniformemente lançada e incorporada à mistura, de modo a conferir-lhe o teor ótimo de umidade, determinado de acordo com o método de ensaio de compactação ME-15.

A mistura úmida, perfeitamente uniformizada, será a seguir compactada de modo a ser obtida a densidade pretendida em toda a espessura.

Terminada a compactação, a superfície será configurada à secção transversal projetada e recompactada com rolo liso.

Critério de medição e pagamento

Por m² (metro quadrado) de revestimento com brita n° 2, misturada ao solo local com 0,15 m de espessura de mistura.

III-33 Plantio de grama em placas (batatais: Paspalum notatum), inclusive acerto do terreno, compactação e cobertura com terra adubada

Consiste na proteção contra a erosão de áreas que tenham sido objeto de alterações em sua forma natural.

Equipamentos

Caminhão de carroceria
Caminhão basculante
Caminhão irrigador (pipa)

Método de execução

Concluído o serviço de terraplenagem mecanizado, a área a ser protegida deverá ser objeto de acerto (nivelamento) e compactação manual, colocação de placas de gramas (sem espaço entre as placas), fixação das mesmas com estacas de madeira, no caso de taludes, recobrimento com terra adubada e irrigação.

Critério de medição e pagamento

Por m² (metro quadrado) de área de grama plantada. Inclusos no preço:
- Acerto do terreno
- Compactação
- Placa de grama
- Estacas de madeira
- Terra adubada
- Irrigação.

III-34 Relação de Salários sem leis sociais e sem B.D.I.

Data base:

Função	Salário/h
Assentador de guia	
Calceteiro	
Carpinteiro	
Ferreiro	
Jardineiro	
Motorista de caminhão basculante	
Motorista de caminhão de carroceria de madeira	
Motorista de caminhão espargidor	
Motorista de caminhão irrigador	
Motorista de carreta	
Operador de carregadeira de pneus	
Operador de compressor de ar	
Operador de distribuidora de agregado	
Operador de fresadora	
Operador de grupo gerador diesel	
Operador de martelete ou rompedor TEX 31 Atlas Copco	
Operador de motoniveladora	
Operador de rolo compactador de pneus	
Operador de rolo compactador liso	
Operador de rolo compressor pé-de-carneiro	
Operador de trator de esteira	
Operador de trator de pneus	
Operador de usina de asfalto/reciclagem	
Operador de usina misturadora de solos	
Operador de vibroacabadora	
Pedreiro	
Rasteleiro	
Servente	
Servente de usinado (massa)	

III-35 Relação de custo de aquisição de materiais sem B.D.I.

Data base:

Material			Custo
Ácido muriático			
Aço CA-25 ∅ = 1"			
Aço CA-50 ∅ = 1/2"			
Aço CA-50 ∅ = 3/4"			
Ancorsfalt			
Areia			
Asfalto para rejuntamento			
Basalto:	preto		
	branco		
Britas:	n°. 1		
	n°. 2		
	n°. 3		
	n°. 4		
	rachão		
	pó de pedra		
	bica corrida		
	pedrisco		
Cimento CP32			
Cimentos asfálticos:		CAP7	
		CAP20	
		CM-30 (diluído)	

III-36 Relação de custo de aquisição de equipamentos sem B.D.I.

Data base:

Material		Custo
Concretos:	f_{ck} = 10,70 MPa (11 MPa)	
	f_{ck} = 17,73 MPa (18 MPa)	
	f_{ck} = 11,35 MPa (12 MPa)	
	f_{ck} = 21,30 MPa (22 MPa)	
	f_{ck} = 16,30 MPa (17 MPa)	
Creosoto		
Dente para fresadora (bit)		
Disco diamantado		
Emulsões:	RR - 1C	
	RM - 1C	
"Filler"		
Grama Paspalum notatum (batatais)		
Grão		
Guia "100" P.M.S.P.		
Ladrilho hidráulico 20 x 20 cm		
Malteno (agente rejuvenscedor)		
Nafta		
Óleo diesel		
Papel kraft (200 g/m^2)		
Paralelepípedos		
Porta-dente para fresadora		
Pneus de caminhão Ford F-14.000:	diant.: 9,00 x 20 - 10	
	tras.: 10,00 x 20 - 14	

III-37 Relação de custo de aquisição de materiais sem B.D.I.

Data base:

Material	Custo
Pneus de caminhão Ford F-22.000: diant.: 9,00 x 20 - 14	
tras.: 10,00 x 20 - 16	
Pneus de caminhão Volvo N10II Turbo - 11,00 x 22 - 14	
Pneus de prancha Trivellato 25/35T - 11,00 x 22 - 16	
Pneus carregadeira de pneus 930 CAT - 17,50 x 25 - 12	
Pneus de compressor de ar XAS80 - 7,00 x 16 - 10	
Pneus de fresadora Writgen SF 1.000C	
Pneus de motoniveladora 120B Cat - 13,00 x 24 - 8	
Pneus rolo compressor de pneus SP-8.000 Tema-Terra - 11,00 x 20 - 18	
Pneus de rolo compressor CA-15A Dynapac - 14,00 x 24 - 10	
Ripa de pinho: 1 x 5 cm	
1 x 7 cm	
Sarrafo: 1" x 4"	
1" x 6"	
Solvente	
Tábua de pinho 1" x 12"	
Terra adubada	

III-38 Relação de custo de aquisição de equipamento, inclusive acessórios e pneus, sem B.D.I.

Data base:

Material	Custo
Caminhão basculante Ford F-14.000, com caçamba de 6,00 m^3, Randon, de 1 pistão	
Caminhão de carroceria de madeira Ford F-22.000, de 7 m de comprimento (chassi médio)	
Caminhão espargidor Volvo N10II turbo com tanque de 9.000 l, com motor e caneta Almeida	
Caminhão irrigador (pipa) Ford F.14.000, com tanque de 6.000 l, Almeida, com motor e bomba	
Pá carregadeira de pneus Caterpillar 930	
Cavalo mecânico Volvo N10II turbo e prancha Trivellato 25/35 t (carrega-tudo)	
Compressor de ar XAS80 Atlas Copco	
Distribuidora de agregado Cífali SD1	
Fresadora Wirtgen SF 1.000C	
Grupo gerador diesel móvel, Polidiesel TD 229-6	
Motoniveladora Caterpillar 120 B	
Rolo de pneus Tema-Terra SP - 8.000	
Rolo compressor CA-15A Dynapac, liso	
Rolo compressos CC-21 Dynapac, liso	
Rolo pé-de-carneiro CA-15P Dynapac	
Trator de esteiras Caterpillar D6-C	
Trator de pneus C.B.T. 2105	
Usina de asfalto, com acessórios 100/120 t/h, Cífali UA-2	
Usina misturadora de solos, com acessórios 200 t/h, Cífali USC-2	
Usina de reciclagem, com acessórios, "drum-mix" 70/90 t/h, Clemente Cífali DMC-2	
Vibroacabadora Barber-Greene SA-37	

III-39 Composições de custos horários

III-39.1 Composição de custo horário

EQUIPAMENTO	*Caminhão basculante*		
MODELO ADOTADO	*Ford 14.000 - Caçamba 6,00 m³ Randon, 1 pistão ou similar*		
VALOR DE REPOSIÇÃO NA DATA BÁSICA, INCLUSIVE ACESSÓRIOS E PNEUS			V = R$
VALOR RESIDUAL DE VENDA, APÓS A VIDA ÚTIL (20%)			R = R$
VIDA ÚTIL EM HORAS h = 10.000	VIDA ÚTIL EM ANOS		N = 5,00
TAXA ANUAL DE JUROS i = %	COEFICIENTE DE MANUTENÇÃO		K = 1,20

ITEM	CÁLCULO DOS COMPONENTES		CUSTO TOTAL R$
1	DEPRECIAÇÃO	$D = \dfrac{V-R}{h}$	
2	JUROS	$J = \dfrac{V \cdot (N+1) \cdot i}{4.000 \cdot N}$	
3	MANUTENÇÃO	$M = K \cdot \dfrac{V-R}{h}$	
4	COMBUSTÍVEL	8,45 litros x /Litro	
5	LUBRIFICANTES, FILTROS E GRAXAS	7,96% x custo total 4	
6	MOTORISTA, INCLUSIVE LEIS SOCIAIS	1,00 hora x R$ /hora	
7	OUTROS (DISCRIMINAR) 2 pneus: 4 pneus:	9,00×20-10:0,00225×R$ /pneu 10,00×20-14:0,00225×R$ /pneu	
8	LICENCIAMENTO	0,5% (1+2+3+4+5+6+7)	

CUSTO HORÁRIO TOTAL EM OPERAÇÃO	(OP) = 1+2+3+4+5+6+7+8 =		
CUSTO HORÁRIO TOTAL À DISPOSIÇÃO	(DMP) = 1+2+3+6+8 =		
CUSTOS HORÁRIOS TOTAIS ADOTADOS	(OP) =	(DMP) =	
COMPOSIÇÃO DE CUSTO HORÁRIO DE EQUIPAMENTO	DATA BÁSICA: / /	CÓDIGO	

III-39.2 Composição de custo horário

EQUIPAMENTO	*Caminhão carroceria de madeira*		
MODELO ADOTADO	*Ford 22.000 - 7,00 m (chassi médio) ou similar*		
VALOR DE REPOSIÇÃO NA DATA BÁSICA, INCLUSIVE ACESSÓRIOS E PNEUS			V = R$
VALOR RESIDUAL DE VENDA, APÓS A VIDA ÚTIL (20%)			R = R$
VIDA ÚTIL EM HORAS h = 10.000	VIDA ÚTIL EM ANOS		N = 5,00
TAXA ANUAL DE JUROS i = %	COEFICIENTE DE MANUTENÇÃO		K = 1,20

ITEM	CÁLCULO DOS COMPONENTES		CUSTO TOTAL R$
1	DEPRECIAÇÃO	$D = \dfrac{V-R}{h}$	
2	JUROS	$J = \dfrac{V \cdot (N+1) \cdot i}{4.000 \cdot N}$	
3	MANUTENÇÃO	$M = K \cdot \dfrac{V-R}{h}$	
4	COMBUSTÍVEL	8,45 litros x /Litro	
5	LUBRIFICANTES, FILTROS E GRAXAS	7,96% x custo total 4	
6	MOTORISTA + AJUDANTE, INCLUSIVE LEIS SOCIAIS	1,00 hora x R$ /hora	
7	OUTROS (DISCRIMINAR) 2 pneus: 9,00×20-14:0,00225×R$ /pneu 4 pneus: 10,00×20-16:0,00225×R$ /pneu		
8	LICENCIAMENTO	0,5% (1+2+3+4+5+6+7)	

CUSTO HORÁRIO TOTAL EM OPERAÇÃO	(OP) = 1+2+3+4+5+6+7+8 =		
CUSTO HORÁRIO TOTAL À DISPOSIÇÃO	(DMP) = 1+2+3+6+8 =		
CUSTOS HORÁRIOS TOTAIS ADOTADOS	(OP) =	(DMP) =	
COMPOSIÇÃO DE CUSTO HORÁRIO DE EQUIPAMENTO		DATA BÁSICA: / /	CÓDIGO

III-39.3 Composição de custo horário

EQUIPAMENTO	*Caminhão espargidor*		
MODELO ADOTADO	*Volvo N10II Turbo e Tanque de 9.000 l, com caneta e motor Almeida (69 HP) ou similar*		
VALOR DE REPOSIÇÃO NA DATA BÁSICA, INCLUSIVE ACESSÓRIOS E PNEUS		V = R$	
VALOR RESIDUAL DE VENDA, APÓS A VIDA ÚTIL (20%)		R = R$	
VIDA ÚTIL EM HORAS h = 10.000	VIDA ÚTIL EM ANOS	N = 5,00	
TAXA ANUAL DE JUROS i = %	COEFICIENTE DE MANUTENÇÃO	K = 1,20	
ITEM	**CÁLCULO DOS COMPONENTES**		**CUSTO TOTAL R$**
1	DEPRECIAÇÃO	$D = \dfrac{V-R}{h}$	
2	JUROS	$J = \dfrac{V \cdot (N+1) \cdot i}{4.000 \cdot N}$	
3	MANUTENÇÃO	$M = K \cdot \dfrac{V-R}{h}$	
4	COMBUSTÍVEL	27,00 litros x /Litro	
5	LUBRIFICANTES, FILTROS E GRAXAS	7,96% x custo total 4	
6	MOTORISTA + AJUDANTE, INCLUSIVE LEIS SOCIAIS	1,00 hora x R$ /hora	
7	OUTROS (DISCRIMINAR) 6 pneus: 12 pneus:	11,00×22-16:0,01825×R$ /pneu 11,00×22-14:0,01825×R$ /pneu	
8	LICENCIAMENTO	1,0% (1+2+3+4+5+6+7)	
CUSTO HORÁRIO TOTAL EM OPERAÇÃO	(OP) = 1+2+3+4+5+6+7+8 =		
CUSTO HORÁRIO TOTAL À DISPOSIÇÃO	(DMP) = 1+2+3+6+8 =		
CUSTOS HORÁRIOS TOTAIS ADOTADOS	(OP) =	(DMP) =	
COMPOSIÇÃO DE CUSTO HORÁRIO DE EQUIPAMENTO		DATA BÁSICA: / /	CÓDIGO

III-39.4 Composição de custo horário

EQUIPAMENTO	*Caminhão irrigador (pipa)*		
MODELO ADOTADO	*Ford 14.000 - Tanque de 6.000 l com motor e bomba ou similar*		
VALOR DE REPOSIÇÃO NA DATA BÁSICA, INCLUSIVE ACESSÓRIOS E PNEUS			V = R$
VALOR RESIDUAL DE VENDA, APÓS A VIDA ÚTIL (20%)			R = R$
VIDA ÚTIL EM HORAS h = 10.000		VIDA ÚTIL EM ANOS	N = 5,00
TAXA ANUAL DE JUROS i = %		COEFICIENTE DE MANUTENÇÃO	K = 1,20

ITEM		CÁLCULO DOS COMPONENTES	CUSTO TOTAL R$
1	DEPRECIAÇÃO	$D = \dfrac{V-R}{h}$	
2	JUROS	$J = \dfrac{V \cdot (N+1) \cdot i}{4.000 \cdot N}$	
3	MANUTENÇÃO	$M = K \cdot \dfrac{V-R}{h}$	
4	COMBUSTÍVEL	8,45 litros x /Litro	
5	LUBRIFICANTES, FILTROS E GRAXAS	7,96% x custo total 4	
6	MOTORISTA + AJUDANTE, INCLUSIVE LEIS SOCIAIS	1,00 hora x R$ /hora	
7	OUTROS (DISCRIMINAR) 2 pneus: 9,00×20-10:0,00225×R$ /pneu 4 pneus: 10,00×20-14:0,00225×R$ /pneu		
8	LICENCIAMENTO	0,5% (1+2+3+4+5+6+7)	

CUSTO HORÁRIO TOTAL EM OPERAÇÃO	(OP) = 1+2+3+4+5+6+7+8 =		
CUSTO HORÁRIO TOTAL À DISPOSIÇÃO	(DMP) = 1+2+3+6+8 =		
CUSTOS HORÁRIOS TOTAIS ADOTADOS	(OP) =	(DMP) =	
COMPOSIÇÃO DE CUSTO HORÁRIO DE EQUIPAMENTO		DATA BÁSICA: / /	CÓDIGO

III-39.5 Composição de custo horário

EQUIPAMENTO	*Pá carregadeira de pneus (100 HP)*		
MODELO ADOTADO	*Caterpillar 930 ou similar*		
VALOR DE REPOSIÇÃO NA DATA BÁSICA, INCLUSIVE ACESSÓRIOS E PNEUS			V = R$
VALOR RESIDUAL DE VENDA, APÓS A VIDA ÚTIL (20%)			R = R$
VIDA ÚTIL EM HORAS h = 10.000	VIDA ÚTIL EM ANOS		N = 5,00
TAXA ANUAL DE JUROS i = %	COEFICIENTE DE MANUTENÇÃO		K = 1,20

ITEM	CÁLCULO DOS COMPONENTES		CUSTO TOTAL R$
1	DEPRECIAÇÃO	$D = \dfrac{V-R}{h}$	
2	JUROS	$J = \dfrac{V \cdot (N+1) \cdot i}{4.000 \cdot N}$	
3	MANUTENÇÃO	$M = K \cdot \dfrac{V-R}{h}$	
4	COMBUSTÍVEL	15,00 litros x /Litro	
5	LUBRIFICANTES, FILTROS E GRAXAS	7,00% x custo total 4	
6	OPERADOR, INCLUSIVE LEIS SOCIAIS	1,00 hora x R$ /hora	
7	OUTROS (DISCRIMINAR) 4 pneus:	17,50×25-12 (tipo L3 - s/câmara) 0,00225×R$ /pneu	

CUSTO HORÁRIO TOTAL EM OPERAÇÃO	(OP) = 1+2+3+4+5+6+7 =		
CUSTO HORÁRIO TOTAL À DISPOSIÇÃO	(DMP) = 1+2+3+6=		
CUSTOS HORÁRIOS TOTAIS ADOTADOS	(OP) =	(DMP)=	
COMPOSIÇÃO DE CUSTO HORÁRIO DE EQUIPAMENTO		DATA BÁSICA : / /	CÓDIGO

III-39.6 Composição de custo horário

EQUIPAMENTO	*Carreta*		
MODELO ADOTADO	*Cavalo: Volvo N10II Turbo, prancha Trivelatto 25/35 t ou similar*		
VALOR DE REPOSIÇÃO NA DATA BÁSICA, INCLUSIVE ACESSÓRIOS E PNEUS			V = R$
VALOR RESIDUAL DE VENDA, APÓS A VIDA ÚTIL (20%)			R = R$
VIDA ÚTIL EM HORAS h = 10.000	VIDA ÚTIL EM ANOS		N = 5,00
TAXA ANUAL DE JUROS i = %	COEFICIENTE DE MANUTENÇÃO		K = 1,20

ITEM	CÁLCULO DOS COMPONENTES		CUSTO TOTAL R$
1	DEPRECIAÇÃO	$D = \dfrac{V-R}{h}$	
2	JUROS	$J = \dfrac{V \cdot (N+1) \cdot i}{4.000 \cdot N}$	
3	MANUTENÇÃO	$M = K \cdot \dfrac{V-R}{h}$	
4	COMBUSTÍVEL	18,00 litros x /Litro	
5	LUBRIFICANTES, FILTROS E GRAXAS	7,96% x custo total 4	
6	MOTORISTA + AJUDANTE, INCLUSIVE LEIS SOCIAIS	1,00 hora x R$ /hora	
7	OUTROS (DISCRIMINAR) 6 pneus: 11,00×22-14:0,01825×R$ /pneu 12 pneus: 11,00×22-16:0,01825×R$ /pneu		
8	LICENCIAMENTO	1,0% (1+2+3+4+5+6+7)	

CUSTO HORÁRIO TOTAL EM OPERAÇÃO	(OP) = 1+2+3+4+5+6+7+8 =		
CUSTO HORÁRIO TOTAL À DISPOSIÇÃO	(DMP) = 1+2+3+6+8 =		
CUSTOS HORÁRIOS TOTAIS ADOTADOS	(OP) =	(DMP) =	
COMPOSIÇÃO DE CUSTO HORÁRIO DE EQUIPAMENTO		DATA BÁSICA : / /	CÓDIGO

III-39.7 Composição de custo horário

EQUIPAMENTO	*Compressor de ar (80 HP)*		
MODELO ADOTADO	*XAS80 Atlas Copco ou similar*		
VALOR DE REPOSIÇÃO NA DATA BÁSICA, INCLUSIVE ACESSÓRIOS E PNEUS			V = R$
VALOR RESIDUAL DE VENDA, APÓS A VIDA ÚTIL (20%)			R = R$
VIDA ÚTIL EM HORAS h = 10.000		VIDA ÚTIL EM ANOS	N = 5,00
TAXA ANUAL DE JUROS i = %		COEFICIENTE DE MANUTENÇÃO	K = 1,20
ITEM	CÁLCULO DOS COMPONENTES		CUSTO TOTAL R$
1 DEPRECIAÇÃO	$D = \dfrac{V-R}{h}$		
2 JUROS	$J = \dfrac{V \cdot (N+1) \cdot i}{4.000 \cdot N}$		
3 MANUTENÇÃO	$M = K \cdot \dfrac{V-R}{h}$		
4 COMBUSTÍVEL	12,00 litros x /Litro		
5 LUBRIFICANTES, FILTROS E GRAXAS	7,00% x custo total 4		
6 OPERADOR, INCLUSIVE LEIS SOCIAIS	1,00 hora x R$ /hora		
7 OUTROS (DISCRIMINAR) 2 pneus:	7,00×16-10:0,00110×R$ /pneu		
CUSTO HORÁRIO TOTAL EM OPERAÇÃO	(OP) = 1+2+3+4+5+6+7 =		
CUSTO HORÁRIO TOTAL À DISPOSIÇÃO	(DMP) = 1+2+3+6 =		
CUSTOS HORÁRIOS TOTAIS ADOTADOS	(OP) =	(DMP)=	
COMPOSIÇÃO DE CUSTO HORÁRIO DE EQUIPAMENTO		DATA BÁSICA : / /	CÓDIGO

III-39.8 Composição de custo horário

EQUIPAMENTO	*Distribuidora de agregado*		
MODELO ADOTADO	*Cífali SD1 (47,5 HP) ou similar*		
VALOR DE REPOSIÇÃO NA DATA BÁSICA, INCLUSIVE ACESSÓRIOS E PNEUS			V = R$
VALOR RESIDUAL DE VENDA, APÓS A VIDA ÚTIL (20%)			R = R$
VIDA ÚTIL EM HORAS h = 10.000		VIDA ÚTIL EM ANOS	N = 5,00
TAXA ANUAL DE JUROS i = %		COEFICIENTE DE MANUTENÇÃO	K = 1,20
ITEM	CÁLCULO DOS COMPONENTES		CUSTO TOTAL R$
1 DEPRECIAÇÃO	$D = \dfrac{V-R}{h}$		
2 JUROS	$J = \dfrac{V \cdot (N+1) \cdot i}{4.000 \cdot N}$		
3 MANUTENÇÃO	$M = K \cdot \dfrac{V-R}{h}$		
4 COMBUSTÍVEL	7,12 litros x /Litro		
5 LUBRIFICANTES, FILTROS E GRAXAS	7,00% x custo total 4		
6 OPERADOR + AJUDANTE, INCLUSIVE LEIS SOCIAIS	1,00 hora x R$ /hora		
7 OUTROS (DISCRIMINAR)			
CUSTO HORÁRIO TOTAL EM OPERAÇÃO	(OP) = 1+2+3+4+5+6 =		
CUSTO HORÁRIO TOTAL À DISPOSIÇÃO	(DMP) = 1+2+3+6 =		
CUSTOS HORÁRIOS TOTAIS ADOTADOS	(OP) =	(DMP) =	
COMPOSIÇÃO DE CUSTO HORÁRIO DE EQUIPAMENTO		DATA BÁSICA / /	CÓDIGO

III-39.9 Composição de custo horário

EQUIPAMENTO	*Fresadora*		
MODELO ADOTADO	*Wirtgen SF 1.1000C ou similar*		
VALOR DE REPOSIÇÃO NA DATA BÁSICA, INCLUSIVE ACESSÓRIOS E PNEUS			V = R$
VALOR RESIDUAL DE VENDA, APÓS A VIDA ÚTIL (20%)			R = R$
VIDA ÚTIL EM HORAS h = 10.000		VIDA ÚTIL EM ANOS	N = 5,00
TAXA ANUAL DE JUROS i = %		COEFICIENTE DE MANUTENÇÃO	K = 1,20

ITEM	CÁLCULO DOS COMPONENTES		CUSTO TOTAL R$
1	DEPRECIAÇÃO	$D = \dfrac{V-R}{h}$	
2	JUROS	$J = \dfrac{V \cdot (N+1) \cdot i}{4.000 \cdot N}$	
3	MANUTENÇÃO	$M = K \cdot \dfrac{V-R}{h}$	
4	COMBUSTÍVEL	28,50 litros x /Litro	
5	LUBRIFICANTES, FILTROS E GRAXAS	7,00% x custo total 4	
6	OPERADOR, INCLUSIVE LEIS SOCIAIS	2,00 hora x R$ /hora	
7	OUTROS (DISCRIMINAR) Pontas: 2,8666×R$ /Ponta Porta-dente: 0,1720×R$ /Porta - Dente		

CUSTO HORÁRIO TOTAL EM OPERAÇÃO	(OP) = 1+2+3+4+5+6+7 =		
CUSTO HORÁRIO TOTAL À DISPOSIÇÃO	(DMP) = 1+2+3+6 =		
CUSTOS HORÁRIOS TOTAIS ADOTADOS	(OP) =	(DMP) =	
COMPOSIÇÃO DE CUSTO HORÁRIO DE EQUIPAMENTO		DATA BÁSICA / /	CÓDIGO

III-39.10 Composição de custo horário

EQUIPAMENTO	*Grupo gerador diesel móvel*		
MODELO ADOTADO	*66 kVA Polidiesel, com motor MWM, modelo TD-229-6 ou similar*		
VALOR DE REPOSIÇÃO NA DATA BÁSICA, INCLUSIVE ACESSÓRIOS E PNEUS		V = R$	
VALOR RESIDUAL DE VENDA, APÓS A VIDA ÚTIL (20%)		R = R$	
VIDA ÚTIL EM HORAS h = 10.000	VIDA ÚTIL EM ANOS	N = 5,00	
TAXA ANUAL DE JUROS i = %	COEFICIENTE DE MANUTENÇÃO	K = 1,20	

ITEM	CÁLCULO DOS COMPONENTES		CUSTO TOTAL R$
1	DEPRECIAÇÃO	$D = \dfrac{V-R}{h}$	
2	JUROS	$J = \dfrac{V \cdot (N+1) \cdot i}{4.000 \cdot N}$	
3	MANUTENÇÃO	$M = K \cdot \dfrac{V-R}{h}$	
4	COMBUSTÍVEL	14,85 litros x /Litro	
5	LUBRIFICANTES, FILTROS E GRAXAS	7,96% x custo total 4	
6	OPERADOR, INCLUSIVE LEIS SOCIAIS	1,00 hora x R$ /hora	
7	OUTROS (DISCRIMINAR)		

CUSTO HORÁRIO TOTAL EM OPERAÇÃO	(OP) = 1+2+3+4+5+6 =		
CUSTO HORÁRIO TOTAL À DISPOSIÇÃO	(DMP) = 1+2+3+6 =		
CUSTOS HORÁRIOS TOTAIS ADOTADOS	(OP) =	(DMP) =	
COMPOSIÇÃO DE CUSTO HORÁRIO DE EQUIPAMENTO		DATA BÁSICA: / /	CÓDIGO

III-39.11 Composição de custo horário

EQUIPAMENTO	*Motoniveladora (126,7 HP)*		
MODELO ADOTADO	*Caterpillar 120B ou similar*		
VALOR DE REPOSIÇÃO NA DATA BÁSICA, INCLUSIVE ACESSÓRIOS E PNEUS		V = R$	
VALOR RESIDUAL DE VENDA, APÓS A VIDA ÚTIL (20%)		R = R$	
VIDA ÚTIL EM HORAS h = 10.000	VIDA ÚTIL EM ANOS	N = 5,00	
TAXA ANUAL DE JUROS i = %	COEFICIENTE DE MANUTENÇÃO	K = 1,20	

ITEM	CÁLCULO DOS COMPONENTES		CUSTO TOTAL R$
1	DEPRECIAÇÃO	$D = \dfrac{V-R}{h}$	
2	JUROS	$J = \dfrac{V \cdot (N+1) \cdot i}{4.000 \cdot N}$	
3	MANUTENÇÃO	$M = K \cdot \dfrac{V-R}{h}$	
4	COMBUSTÍVEL	19,00 litros x /Litro	
5	LUBRIFICANTES, FILTROS E GRAXAS	7,00% x custo total 4	
6	OPERADOR, INCLUSIVE LEIS SOCIAIS	1,00 hora x R$ /hora	
7	OUTROS (DISCRIMINAR) 6 pneus:	13,00×24-8:0,00190×R$ /pneu	

CUSTO HORÁRIO TOTAL EM OPERAÇÃO	(OP) = 1+2+3+4+5+6+7 =		
CUSTO HORÁRIO TOTAL À DISPOSIÇÃO	(DMP) = 1+2+3+6 =		
CUSTOS HORÁRIOS TOTAIS ADOTADOS	(OP) =	(DMP) =	
COMPOSIÇÃO DE CUSTO HORÁRIO DE EQUIPAMENTO		DATA BÁSICA: / /	CÓDIGO

III-39.12 Composição de custo horário

EQUIPAMENTO	*Rolo de pneus de pressão variável (108 HP)*		
MODELO ADOTADO	*Tema-Terra SP-8.000 ou similar*		
VALOR DE REPOSIÇÃO NA DATA BÁSICA, INCLUSIVE ACESSÓRIOS E PNEUS		V = R$	
VALOR RESIDUAL DE VENDA, APÓS A VIDA ÚTIL (20%)		R = R$	
VIDA ÚTIL EM HORAS h = 12.000	VIDA ÚTIL EM ANOS	N = 6,00	
TAXA ANUAL DE JUROS i = %	COEFICIENTE DE MANUTENÇÃO	K = 1,20	

ITEM		CÁLCULO DOS COMPONENTES	CUSTO TOTAL R$
1	DEPRECIAÇÃO	$D = \dfrac{V - R}{h}$	
2	JUROS	$J = \dfrac{V \cdot (N+1) \cdot i}{4.000 \cdot N}$	
3	MANUTENÇÃO	$M = K \cdot \dfrac{V - R}{h}$	
4	COMBUSTÍVEL	16,20 litros x /Litro	
5	LUBRIFICANTES, FILTROS E GRAXAS	7,00% x custo total 4	
6	OPERADOR, INCLUSIVE LEIS SOCIAIS	1,00 hora x R$ /hora	
7	OUTROS (DISCRIMINAR) 7 pneus:	11,00×20-18:0,00385×R$ /pneu	

CUSTO HORÁRIO TOTAL EM OPERAÇÃO	(OP) = 1+2+3+4+5+6+7 =		
CUSTO HORÁRIO TOTAL À DISPOSIÇÃO	(DMP) = 1+2+3+6 =		
CUSTOS HORÁRIOS TOTAIS ADOTADOS	(OP) =	(DMP) =	
COMPOSIÇÃO DE CUSTO HORÁRIO DE EQUIPAMENTO		DATA BÁSICA: / /	CÓDIGO

III-39.13 Composição de custo horário

EQUIPAMENTO	*Rolo compressor liso (101 HP)*		
MODELO ADOTADO	*CA-15A Dynapac*		
VALOR DE REPOSIÇÃO NA DATA BÁSICA, INCLUSIVE ACESSÓRIOS E PNEUS			V = R$
VALOR RESIDUAL DE VENDA, APÓS A VIDA ÚTIL (20%)			R = R$
VIDA ÚTIL EM HORAS h = 12.000		VIDA ÚTIL EM ANOS	N = 6,00
TAXA ANUAL DE JUROS i = %		COEFICIENTE DE MANUTENÇÃO	K = 1,20

ITEM	CÁLCULO DOS COMPONENTES		CUSTO TOTAL R$
1	DEPRECIAÇÃO	$D = \dfrac{V - R}{h}$	
2	JUROS	$J = \dfrac{V \cdot (N+1) \cdot i}{4.000 \cdot N}$	
3	MANUTENÇÃO	$M = K \cdot \dfrac{V - R}{h}$	
4	COMBUSTÍVEL	15,15 litros x /Litro	
5	LUBRIFICANTES, FILTROS E GRAXAS	7,00% x custo total 4	
6	OPERADOR, INCLUSIVE LEIS SOCIAIS	1,00 hora x R$ /hora	
7	OUTROS (DISCRIMINAR) 2 pneus:	14,00 x 24 - 10: 0,00110 x R$ /pneus	
CUSTO HORÁRIO TOTAL EM OPERAÇÃO	(OP) = 1+2+3+4+5+6+7 =		
CUSTO HORÁRIO TOTAL À DISPOSIÇÃO	(DMP) = 1+2+3+6 =		
CUSTOS HORÁRIOS TOTAIS ADOTADOS	(OP) =	(DMP) =	
COMPOSIÇÃO DE CUSTO HORÁRIO DE EQUIPAMENTO		DATA BÁSICA: / /	CÓDIGO

III-39.14 Composição de custo horário

EQUIPAMENTO	*Rolo compressor liso (76,5 HP)*		
MODELO ADOTADO	*CC-21 Dynapac*		
VALOR DE REPOSIÇÃO NA DATA BÁSICA, INCLUSIVE ACESSÓRIOS E PNEUS			V = R$
VALOR RESIDUAL DE VENDA, APÓS A VIDA ÚTIL (20%)			R = R$
VIDA ÚTIL EM HORAS h = 12.000	VIDA ÚTIL EM ANOS		N = 6,00
TAXA ANUAL DE JUROS i = %	COEFICIENTE DE MANUTENÇÃO		K = 1,20

ITEM	CÁLCULO DOS COMPONENTES		CUSTO TOTAL R$
1	DEPRECIAÇÃO	$D = \dfrac{V-R}{h}$	
2	JUROS	$J = \dfrac{V \cdot (N+1) \cdot i}{4.000 \cdot N}$	
3	MANUTENÇÃO	$M = K \cdot \dfrac{V-R}{h}$	
4	COMBUSTÍVEL	11,47 litros x /Litro	
5	LUBRIFICANTES, FILTROS E GRAXAS	7,00% x custo total 4	
6	OPERADOR, INCLUSIVE LEIS SOCIAIS	1,00 hora x R$ /hora	
7	OUTROS (DISCRIMINAR)		

CUSTO HORÁRIO TOTAL EM OPERAÇÃO	(OP) = 1+2+3+4+5+6 =		
CUSTO HORÁRIO TOTAL À DISPOSIÇÃO	(DMP) = 1+2+3+6 =		
CUSTOS HORÁRIOS TOTAIS ADOTADOS	(OP) =	(DMP) =	
COMPOSIÇÃO DE CUSTO HORÁRIO DE EQUIPAMENTO	DATA BÁSICA: / /		CÓDIGO

III-39.15 Composição de custo horário

EQUIPAMENTO	*Rolo pé-de-carneiro vibratório auto-propelido (101 HP)*		
MODELO ADOTADO	*Dynapac CA-15P ou similar*		
VALOR DE REPOSIÇÃO NA DATA BÁSICA, INCLUSIVE ACESSÓRIOS E PNEUS			V = R$
VALOR RESIDUAL DE VENDA, APÓS A VIDA ÚTIL (20%)			R = R$
VIDA ÚTIL EM HORAS h = 12.000	VIDA ÚTIL EM ANOS		N = 6,00
TAXA ANUAL DE JUROS i = %	COEFICIENTE DE MANUTENÇÃO		K = 1,20

ITEM	CÁLCULO DOS COMPONENTES		CUSTO TOTAL R$
1	DEPRECIAÇÃO	$D = \dfrac{V-R}{h}$	
2	JUROS	$J = \dfrac{V \cdot (N+1) \cdot i}{4.000 \cdot N}$	
3	MANUTENÇÃO	$M = K \cdot \dfrac{V-R}{h}$	
4	COMBUSTÍVEL	15,15 litros x /Litro	
5	LUBRIFICANTES, FILTROS E GRAXAS	7,00% x custo total 4	
6	OPERADOR, INCLUSIVE LEIS SOCIAIS	1,00 hora x R$ /hora	
7	OUTROS (DISCRIMINAR) 2 pneus:	14,00×24-10:0,00110×R$ /pneu	

CUSTO HORÁRIO TOTAL EM OPERAÇÃO	(OP) = 1+2+3+4+5+6+7 =		
CUSTO HORÁRIO TOTAL À DISPOSIÇÃO	(DMP) = 1+2+3+6 =		
CUSTOS HORÁRIOS TOTAIS ADOTADOS	(OP) =	(DMP) =	
COMPOSIÇÃO DE CUSTO HORÁRIO DE EQUIPAMENTO		DATA BÁSICA : / /	CÓDIGO

III-39.16 Composição de custo horário

EQUIPAMENTO	*Trator de esteiras*		
MODELO ADOTADO	*Caterpillar D6-C (155 HP) ou similar*		
VALOR DE REPOSIÇÃO NA DATA BÁSICA, INCLUSIVE ACESSÓRIOS E PNEUS			V = R$
VALOR RESIDUAL DE VENDA, APÓS A VIDA ÚTIL (20%)			R = R$
VIDA ÚTIL EM HORAS h = 10.000	VIDA ÚTIL EM ANOS		N = 5,00
TAXA ANUAL DE JUROS i = %	COEFICIENTE DE MANUTENÇÃO		K = 1,20

ITEM	CÁLCULO DOS COMPONENTES		CUSTO TOTAL R$
1	DEPRECIAÇÃO	$D = \dfrac{V-R}{h}$	
2	JUROS	$J = \dfrac{V \cdot (N+1) \cdot i}{4.000 \cdot N}$	
3	MANUTENÇÃO	$M = K \cdot \dfrac{V-R}{h}$	
4	COMBUSTÍVEL	23,25 litros x /Litro	
5	LUBRIFICANTES, FILTROS E GRAXAS	7,00% x custo total 4	
6	OPERADOR, INCLUSIVE LEIS SOCIAIS	1,00 hora x R$ /hora	
7	OUTROS (DISCRIMINAR)		

CUSTO HORÁRIO TOTAL EM OPERAÇÃO	(OP) = 1+2+3+4+5+6 =		
CUSTO HORÁRIO TOTAL À DISPOSIÇÃO	(DMP) = 1+2+3+6 =		
CUSTOS HORÁRIOS TOTAIS ADOTADOS	(OP) =	(DMP) =	
COMPOSIÇÃO DE CUSTO HORÁRIO DE EQUIPAMENTO		DATA BÁSICA : / /	CÓDIGO

III-39.17 Composição de custo horário

EQUIPAMENTO	*Trator de pneus (108 HP)*		
MODELO ADOTADO	*CBT 2105 ou similar*		
VALOR DE REPOSIÇÃO NA DATA BÁSICA, INCLUSIVE ACESSÓRIOS E PNEUS			V = R$
VALOR RESIDUAL DE VENDA, APÓS A VIDA ÚTIL (20%)			R = R$
VIDA ÚTIL EM HORAS h = 10.000	VIDA ÚTIL EM ANOS		N = 5,00
TAXA ANUAL DE JUROS i = %	COEFICIENTE DE MANUTENÇÃO		K = 1,20
ITEM	**CÁLCULO DOS COMPONENTES**		**CUSTO TOTAL R$**
1 DEPRECIAÇÃO	$D = \dfrac{V-R}{h}$		
2 JUROS	$J = \dfrac{V \cdot (N+1) \cdot i}{4.000 \cdot N}$		
3 MANUTENÇÃO	$M = K \cdot \dfrac{V-R}{h}$		
4 COMBUSTÍVEL	16,20 litros x /Litro		
5 LUBRIFICANTES, FILTROS E GRAXAS	7,00% x custo total 4		
6 OPERADOR, INCLUSIVE LEIS SOCIAIS	1,00 hora x R$ /hora		
7 OUTROS (DISCRIMINAR) 2 pneus: 2 pneus:	7,50 ×18-6:0,00095×R$ /pneu 18,4/15×34-6:0,00095×R$ /pneu		
CUSTO HORÁRIO TOTAL EM OPERAÇÃO	(OP) = 1+2+3+4+5+6+7 =		
CUSTO HORÁRIO TOTAL À DISPOSIÇÃO	(DMP) = 1+2+3+6 =		
CUSTOS HORÁRIOS TOTAIS ADOTADOS	(OP) =	(DMP)=	
COMPOSIÇÃO DE CUSTO HORÁRIO DE EQUIPAMENTO	DATA BÁSICA: / /		CÓDIGO

III-39.18 Composição de custo horário

EQUIPAMENTO	*Usina de asfalto com acessórios 100/120 t/h*		
MODELO ADOTADO	*Cífali UA-2 ou similar*		
VALOR DE REPOSIÇÃO NA DATA BÁSICA, INCLUSIVE ACESSÓRIOS E PNEUS			V = R$
VALOR RESIDUAL DE VENDA, APÓS A VIDA ÚTIL (20%)			R = R$
VIDA ÚTIL EM HORAS h = 10.000	VIDA ÚTIL EM ANOS		N = 5,00
TAXA ANUAL DE JUROS i = %	COEFICIENTE DE MANUTENÇÃO		K = 1,20

ITEM	CÁLCULO DOS COMPONENTES		CUSTO TOTAL R$
1	DEPRECIAÇÃO	$D = \dfrac{V-R}{h}$	
2	JUROS	$J = \dfrac{V \cdot (N+1) \cdot i}{4.000 \cdot N}$	
3	MANUTENÇÃO	$M = K \cdot \dfrac{V-R}{h}$	
4	COMBUSTÍVEL (eletricidade)	224 kWh x /kWh	
5	LUBRIFICANTES, FILTROS E GRAXAS	7,00% x custo total 4	
6	OPERADOR + AJUDANTE, INCLUSIVE LEIS SOCIAIS	1,00 hora x R$ /hora	
7	OUTROS (DISCRIMINAR)	Locação de equipamento de oxigênio: 1,00 hora x R$ /hora + + Oxigênio: 78,40 m^3×R$ /m^3 + + B.T.E.: 403,20 kg×R$ /kg	

CUSTO HORÁRIO TOTAL EM OPERAÇÃO	(OP) = 1+2+3+4+5+6+7 =		
CUSTO HORÁRIO TOTAL À DISPOSIÇÃO	(DMP) = 1+2+3+6 =		
CUSTOS HORÁRIOS TOTAIS ADOTADOS	(OP) =	(DMP) =	
COMPOSIÇÃO DE CUSTO HORÁRIO DE EQUIPAMENTO		DATA BÁSICA: / /	CÓDIGO

III-39.19 Composição de custo horário

EQUIPAMENTO	*Usina misturadora de solos 200 t/h*		
MODELO ADOTADO	*Cífali USC-2 ou similar*		
VALOR DE REPOSIÇÃO NA DATA BÁSICA, INCLUSIVE ACESSÓRIOS E PNEUS			V = R$
VALOR RESIDUAL DE VENDA, APÓS A VIDA ÚTIL (20%)			R = R$
VIDA ÚTIL EM HORAS h = 10.000		VIDA ÚTIL EM ANOS	N = 5,00
TAXA ANUAL DE JUROS i = %		COEFICIENTE DE MANUTENÇÃO	K = 1,20
ITEM	CÁLCULO DOS COMPONENTES		CUSTO TOTAL R$
1 DEPRECIAÇÃO	$D = \dfrac{V-R}{h}$		
2 JUROS	$J = \dfrac{V \cdot (N+1) \cdot i}{4.000 \cdot N}$		
3 MANUTENÇÃO	$M = K \cdot \dfrac{V-R}{h}$		
4 COMBUSTÍVEL	Kwh x /Kwh litros x /Litro		
5 LUBRIFICANTES, FILTROS E GRAXAS	7,00% x custo total 4		
6 OPERADOR + AJUDANTE, INCLUSIVE LEIS SOCIAIS	1,00 hora x R$ /hora		
7 OUTROS (DISCRIMINAR)			
CUSTO HORÁRIO TOTAL EM OPERAÇÃO	(OP) = 1+2+3+4+5+6 =		
CUSTO HORÁRIO TOTAL À DISPOSIÇÃO	(DMP) = 1+2+3+6 =		
CUSTOS HORÁRIOS TOTAIS ADOTADOS	(OP) =	(DMP)=	
COMPOSIÇÃO DE CUSTO HORÁRIO DE EQUIPAMENTO		DATA BÁSICA: / /	CÓDIGO

III-39.20 Composição de custo horário

EQUIPAMENTO	*Usina de reciclagem "drum mix" 70/90 t/h*		
MODELO ADOTADO	*Clemente Cífali DMC-2 ou similar*		
VALOR DE REPOSIÇÃO NA DATA BÁSICA, INCLUSIVE ACESSÓRIOS E PNEUS			V = R$
VALOR RESIDUAL DE VENDA, APÓS A VIDA ÚTIL (20%)			R = R$
VIDA ÚTIL EM HORAS h = 10.000	VIDA ÚTIL EM ANOS		N = 5,00
TAXA ANUAL DE JUROS i = %	COEFICIENTE DE MANUTENÇÃO		K = 1,20

ITEM	CÁLCULO DOS COMPONENTES		CUSTO TOTAL R$
1	DEPRECIAÇÃO	$D = \dfrac{V-R}{h}$	
2	JUROS	$J = \dfrac{V \cdot (N+1) \cdot i}{4.000 \cdot N}$	
3	MANUTENÇÃO	$M = K \cdot \dfrac{V-R}{h}$	
4	COMBUSTÍVEL (eletricidade)	16,20 litros x /Litro	
5	LUBRIFICANTES, FILTROS E GRAXAS	7,00% x custo total 4	
6	OPERADOR + AJUDANTE, INCLUSIVE LEIS SOCIAIS	1,00 hora x R$ /hora	
7	OUTROS (DISCRIMINAR)	Locação de equipamento de oxigênio 1,00 hora x R$ /hora+ + Oxigênio 78,40 m³×R$ /m³+ + B.T.E. 403,20 kg×R$ /kg	
CUSTO HORÁRIO TOTAL EM OPERAÇÃO	(OP) = 1+2+3+4+5+6+7 =		
CUSTO HORÁRIO TOTAL À DISPOSIÇÃO	(DMP) = 1+2+3+6 =		
CUSTOS HORÁRIOS TOTAIS ADOTADOS	(OP) =	(DMP) =	
COMPOSIÇÃO DE CUSTO HORÁRIO DE EQUIPAMENTO	DATA BÁSICA: / /		CÓDIGO

III-39.21 Composição de custo horário

EQUIPAMENTO	*Vibroacabadora (52 HP)*		
MODELO ADOTADO	*AS-37 Barber-Greene ou similar*		
VALOR DE REPOSIÇÃO NA DATA BÁSICA, INCLUSIVE ACESSÓRIOS E PNEUS			V = R$
VALOR RESIDUAL DE VENDA, APÓS A VIDA ÚTIL (20%)			R = R$
VIDA ÚTIL EM HORAS h = 10.000		VIDA ÚTIL EM ANOS	N = 5,00
TAXA ANUAL DE JUROS i = %		COEFICIENTE DE MANUTENÇÃO	K = 1,20

ITEM	CÁLCULO DOS COMPONENTES		CUSTO TOTAL R$
1	DEPRECIAÇÃO	$D = \dfrac{V-R}{h}$	
2	JUROS	$J = \dfrac{V \cdot (N+1) \cdot i}{4.000 \cdot N}$	
3	MANUTENÇÃO	$M = K \cdot \dfrac{V-R}{h}$	
4	COMBUSTÍVEL	7,80 litros x /Litro	
5	LUBRIFICANTES, FILTROS E GRAXAS	7,00% x custo total 4	
6	OPERADOR + AJUDANTE, INCLUSIVE LEIS SOCIAIS	1,00 hora x R$ /hora	
7	OUTROS (DISCRIMINAR)		

CUSTO HORÁRIO TOTAL EM OPERAÇÃO	(OP) = 1+2+3+4+5+6 =	
CUSTO HORÁRIO TOTAL À DISPOSIÇÃO	(DMP) = 1+2+3+6 =	
CUSTOS HORÁRIOS TOTAIS ADOTADOS	(OP) =	(DMP) =
COMPOSIÇÃO DE CUSTO HORÁRIO DE EQUIPAMENTO	DATA BÁSICA : / /	CÓDIGO

III-39.22 Composição de custo horário

EQUIPAMENTO	*Martelete (rompedor)*		
MODELO ADOTADO	*TEX 31 - Atlas Copco ou similar*		
VALOR DE REPOSIÇÃO NA DATA BÁSICA, INCLUSIVE ACESSÓRIOS E PNEUS		V = R$	
VALOR RESIDUAL DE VENDA, APÓS A VIDA ÚTIL (20%)		R = R$	
VIDA ÚTIL EM HORAS h = 10.000	VIDA ÚTIL EM ANOS	N = 5,00	
TAXA ANUAL DE JUROS i = %	COEFICIENTE DE MANUTENÇÃO	K = 1,20	

ITEM	CÁLCULO DOS COMPONENTES		CUSTO TOTAL R$
1	DEPRECIAÇÃO	$D = \dfrac{V-R}{h}$	
2	JUROS	$J = \dfrac{V \cdot (N+1) \cdot i}{4.000 \cdot N}$	
3	MANUTENÇÃO	$M = K \cdot \dfrac{V-R}{h}$	
4	COMBUSTÍVEL		
5	LUBRIFICANTES, FILTROS E GRAXAS		
6	OPERADOR, INCLUSIVE LEIS SOCIAIS	1,00 hora x R$ /hora	
7	OUTROS (DISCRIMINAR)		

CUSTO HORÁRIO TOTAL EM OPERAÇÃO	(OP) = 1+2+3+6 =		
CUSTO HORÁRIO TOTAL À DISPOSIÇÃO	(DMP) = 1+2+3+6 =		
CUSTOS HORÁRIOS TOTAIS ADOTADOS	(OP) =	(DMP) =	
COMPOSIÇÃO DE CUSTO HORÁRIO DE EQUIPAMENTO		DATA BÁSICA: / /	CÓDIGO

III-39.23 Relação de custo horário de equipamento sem B.D.I.

Data base:

Equipamento	Custo horário
Caminhão basculante Ford F-14.000, com caçamba de 6,00 m³,	
Caminhão de carroceria de madeira Ford F-22.000, de 7,00 m	
Caminhão espargidor Volvo N10II turbo com tanque de 9.000 l, com motor e caneta Almeida	
Caminhão irrigador (pipa) Ford F.14.000, com tanque de 6.000 l, com motor e bomba	
Pá carregadeira de pneus Caterpillar 930	
Carreta: Cavalo mecânico Volvo N10II turbo e prancha Trivelatto 25/35 t	
Compressor de ar XAS80 Atlas Copco	
Distribuidora de agregado Cífali SD1	
Fresadora Wirtgen SF 1.000C	
Grupo gerador diesel	
Martelete ou rompedor TEX 31 Atlas Copco	
Motoniveladora Caterpillar 120 B	
Rolo compactador de pneus SP-8.000 Tema-Terra	
Rolo compressor CA-15A Dynapac, liso	
Rolo compressos CC-21 Dynapac, liso	
Rolo pé-de-carneiro CA-15P Dynapac	
Trator de esteira Caterpillar D6-C	
Trator de pneus CBT 2105	
Usina de asfalto, com acessórios 100/120 t/h, Cífali UA-2	
Usina misturadora de solos, com acessórios 200 t/h, Cífali USC-2	
Usina de reciclagem, com acessórios, "drum-mix" 70/90 t/h, Clemente Cífali DMC-2	
Vibroacabadora Barber-Greene SA-37	

III-40 Composições de preços unitários de serviços auxiliares

III-40.1 Composição de preço unitário de serviços auxiliares

ITEM III-40.1	CÓDIGO	SERVIÇO Argamassa de cimento e areia no traço 1:3			UNIDADE m³		
					Custo unitário	Parcelas do custo unitário do serviço		
	Componentes		Unid.	Coef.		Mão-de-obra	Material	Equipamento
I	*Material:*							
	Areia		*m³*	*1,10000*				
	Cimento CP 32		*kg*	*466,660*				
III	*Mão-de-obra:*							
	Servente		*h*	*4,33333*				
	Pedreiro		*h*	*2,16666*				
	Leis sociais		*%*	*126,21000*				

CADERNO DE ENCARGOS E SERVIÇOS	Custo unitário total	=
	BDI %	=
	Preço unitário	=
	Preço unitário adotado	=
VERIFICADO:	APROVADO:	DATA BÁSICA / /

III-40.2 Composição de preço unitário de serviços auxiliares

ITEM III-40.2	CÓDIGO			SERVIÇO Binder, à quente (graduação aberta)		UNIDADE t	
	Componentes	Unid.	Coef.	Custo unitário	\multicolumn{3}{c}{Parcelas do custo unitário do serviço}
					Mão-de-obra	Material	Equipamento
I	Material: Brita n.° 1	m^3	0,56538				
	Brita n.° 2	m^3	0,24231				
	Cimento asfáltico CAP 20	kg	26,0000				
II	Equipamento: Usina de asfalto Cífali Super UA-2 100/120 t/h	h	0,01786				
	Carregadeira de pneus 930 CAT	h	0,01786				

CADERNO DE ENCARGOS E SERVIÇOS	Custo unitário total	=
	BDI %	=
	Preço unitário	=
	Preço unitário adotado	=
VERIFICADO:	APROVADO:	DATA BÁSICA / /

III-40.3 Composição de preço unitário de serviços auxiliares

ITEM III-40.3	CÓDIGO	SERVIÇO Brita graduada (usinada)			UNIDADE t		
	Componentes	Unid.	Coef.	Custo unitário	\multicolumn{3}{c}{Parcelas do custo unitário do serviço}
					Mão-de-obra	Material	Equipamento
I	*Material:* *Brita n.° 1* *Brita n.° 2* *Pó de pedra*	m^3 m^3 m^3	*0,24231* *0,35538* *0,21000*				
II	*Equipamento:* *Usina misturadora de solos* *Cifali USC-2 200 t/h* *Carregadeira de pneus 930 CAT*	h h	*0,01429* *0,01429*				

CADERNO DE ENCARGOS E SERVIÇOS	Custo unitário total	=	
	BDI %	=	
	Preço unitário	=	
	Preço unitário adotado	=	
VERIFICADO :	APROVADO :	DATA BÁSICA / /	

III-40.4 Composição de preço unitário de serviços auxiliares

ITEM III-40.4	CÓDIGO	SERVIÇO Concreto asfáltico, faixa A				UNIDADE t		
		Componentes	Unid.	Coef.	Custo unitário	\multicolumn{3}{c}{Parcelas do custo unitário do serviço}
						Mão-de-obra	Material	Equipamento
I		*Material:*						
		Pedrisco	m^3	0,10382				
		Brita n.° 1/2	m^3	0,07988				
		Pó de pedra	m^3	0,55127				
		Areia	m^3	0,05194				
		"Filler"/ cimento	kg	10,45000				
		Cimento Asfáltico CAP 20	kg	55,8000				
		DOPE	kg	0,16740				
II		*Equipamento:*						
		Usina de asfalto Cífali Super UA-2 100/120 t/h	h	0,01786				
		Carregadeira de pneus 930 CAT	h	0,01786				

CADERNO DE ENCARGOS E SERVIÇOS	Custo unitário total	=
	BDI %	=
	Preço unitário	=
	Preço unitário adotado	=
VERIFICADO :	APROVADO :	DATA BÁSICA / /

III-40.5 Composição de preço unitário de serviços auxiliares

ITEM III-40.5	CÓDIGO	SERVIÇO Concreto asfáltico, faixa B					UNIDADE t	
		Componentes	Unid.	Coef.	Custo unitário	Parcelas do custo unitário do serviço		
						Mão-de-obra	Material	Equipamento
I	Material: Pedrisco Pó de pedra Areia "Filler"/ cimento Cimento asfáltico CAP 20 DOPE	m^3 m^3 m^3 kg kg kg	0,10306 0,43611 0,21348 30,9100 63,0000 0,18900				
II	Equipamento: Usina de asfalto Cífali Super UA-2 100/120 t/h Carregadeira de pneus 930 CAT	h h	0,01786 0,01786				

CADERNO DE ENCARGOS E SERVIÇOS	Custo unitário total	=	
	BDI %	=	
	Preço unitário	=	
	Preço unitário adotado	=	
VERIFICADO :	APROVADO :	DATA BÁSICA / /	

III-40.6 Composição de preço unitário de serviços auxiliares

ITEM III-40.6	CÓDIGO			SERVIÇO Concreto asfáltico, faixa IV-B do IA		UNIDADE t	
	Componentes	Unid.	Coef.	Custo unitário	Parcelas do custo unitário do serviço		
					Mão-de-obra	Material	Equipamento
I	*Material:* *Brita nº 1/2* *Pedrisco* *Pó de pedra* *Cimento asfáltico CAP 20* *DOPE*	m^3 m^3 m^3 kg kg	*0,32227* *0,07673* *0,36831* *50,0000* *0,25000*				
II	*Equipamento:* *Usina de asfalto Cífali Super* *UA-2 100/120 t/h* *Carregadeira de pneus 930 CAT*	h h	*0,01786* *0,01786*				

CADERNO DE ENCARGOS E SERVIÇOS	Custo unitário total	=	
	BDI %	=	
	Preço unitário	=	
	Preço unitário adotado	=	
VERIFICADO :	APROVADO :		DATA BÁSICA / /

III-40.7 Composição de preço unitário de serviços auxiliares

ITEM III-40.7	CÓDIGO		SERVIÇO Pré-misturado à frio				UNIDADE t	
	Componentes	Unid.	Coef.	Custo unitário	\multicolumn{3}{l	}{Parcelas do custo unitário do serviço}
					Mão-de-obra	Material	Equipamento
I	*Material:* *Brita n.º 1* *Brita n.º 2* *Emulsão RM-1C*	m^3 m^3 kg	0,56538 0,24231 42,0000				
II	*Equipamento:* *Usina misturadora de solos* *Cifali USC-2 200 t/h* *Carregadeira de pneus 930 CAT*	h h	0,01429 0,01429				

CADERNO DE ENCARGOS E SERVIÇOS	Custo unitário total	=	
	BDI %	=	
	Preço unitário	=	
	Preço unitário adotado	=	
VERIFICADO :	APROVADO :		DATA BÁSICA / /

III-40.8 Composição de preço unitário de serviços auxiliares

ITEM III-40.8	CÓDIGO			SERVIÇO Pré-misturado à quente			UNIDADE t	
	Componentes	Unid.	Coef.	Custo unitário	Parcelas do custo unitário do serviço		
					Mão-de-obra	Material	Equipamento
I	Material: Pedrisco	m^3	0,07987				
	Brita n.° 1/2	m^3	0,22364				
	Brita n.° 1	m^3	0,06388				
	Pó de pedra	m^3	0,27957				
	Areia	m^3	0,14096				
	Cimento asfáltico CAP 20	kg	56,0000				
	DOPE	kg	0,16800				
II	Equipamento: Usina de asfalto Cífali Super UA-2 100/120 t/h	h	0,01786				
	Carregadeira de pneus 930 CAT	h	0,01786				

CADERNO DE ENCARGOS E SERVIÇOS	Custo unitário total	=
	BDI %	=
	Preço unitário	=
	Preço unitário adotado	=
VERIFICADO :	APROVADO :	DATA BÁSICA / /

III-40.9 Composição de preço unitário de serviços auxiliares

ITEM III-40.9	CÓDIGO		SERVIÇO Reciclado			UNIDADE t		
	Componentes	Unid.	Coef.	Custo unitário	\multicolumn{3}{c	}{Parcelas do custo unitário do serviço}
					Mão-de-obra	Material	Equipamento
I	*Material:* *Concreto asfáltico tipo "A"* *P.M.S.P.* *Material fresado* *Agente rejuvenescedor* *(malteno)*	t t kg	0,50000 0,49375 6,25000				
II	*Equipamento:* *Usina de reciclagem "Drum mix" Clemente Cífali* *Carregadeira de pneus 930 CAT*	h h	0,01786 0,01786				

CADERNO DE ENCARGOS E SERVIÇOS	Custo unitário total	=
	BDI %	=
	Preço unitário	=
	Preço unitário adotado	=
VERIFICADO :	APROVADO :	DATA BÁSICA / /

III-40.10 Composição de preço unitário de serviços auxiliares

ITEM III-40.10	CÓDIGO			SERVIÇO Forma comum			UNIDADE m²	
	Componentes	Unid.	Coef.	Custo unitário	Parcelas do custo unitário do serviço		
					Mão-de-obra	Material	Equipamento
I	Material: *Sarrafo 1" x 6"* *Aço CA-50 Ø = 1/2"* *Prego 18 x 27*	m kg kg	6,66667 0,80000 0,15000				
III	Mão-de-obra: *Servente* *Carpinteiro* *Leis sociais*	h h %	0,54490 0,27245 126,21000				

CADERNO DE ENCARGOS E SERVIÇOS	Custo unitário total	=	
	BDI %	=	
	Preço unitário	=	
	Preço unitário adotado	=	
VERIFICADO :	APROVADO :		DATA BÁSICA / /

III-40.11 Relação de custos das composições auxiliares, sem B.D.I

Data base:

Serviço	Custo unitário
Argamassa de cimento e areia no traço 1:3	
Binder à quente (graduação aberta)	
Brita graduada	
Concreto asfáltico: faixa "A" (P.M.S.P.)	
faixa "B" (P.M.S.P.)	
faixa "IV-B" (I.A.)	
Pré-misturado à frio	
Pré-misturado à quente	
Reciclado	
Formas comuns	

III-41 Composições de preços unitários de serviços

III-41.1 Composição de preço unitário de serviço

ITEM III-41.1	CÓDIGO	SERVIÇO Base de rachões					UNIDADE m³	
		Componentes	Unid.	Coef.	Custo unitário	Parcelas do custo unitário do serviço		
						Mão-de-obra	Material	Equipamento
I		*Material:* *Rachão*	*m³*	*1,40000*				
II		*Equipamento:* *Trator de esteira D6-C CAT* *Pá carregadeira 930 CAT* *Carreta, c/cavalo mecânico Volvo N10II Turbo, prancha: Trivelatto 25/35 t*	*h* *h* *h*	*0,03500* *0,03500* *0,00276*				
III		*Mão-de-obra:* *Servente* *Leis sociais*	*h* *%*	*0,99361* *126,21000*				

CADERNO DE ENCARGOS E SERVIÇOS	Custo unitário total	=
	BDI %	=
	Preço unitário	=
	Preço unitário adotado	=
VERIFICADO :	APROVADO ;	DATA BÁSICA / /

III-41.2 Composição de preço unitário de serviço

ITEM III-41.2	CÓDIGO		SERVIÇO Base de concreto f_{ck} = 10,7 MPa para guias, sarjetas e sarjetões			UNIDADE m³		
	Componentes	Unid.	Coef.	Custo unitário	\multicolumn{3}{l}{Parcelas do custo unitário do serviço}	
					Mão-de-obra	Material	Equipamento
I	*Material:* *Concreto f_{ck} = 10,7 MPa* *Sarrafo 1" x 4"* *Aço CA-50 Ø = ½"*	*m³* *m³* *Kg*	*1,05000* *0,20000* *0,14000*				
III	*Mão-de-obra:* *Servente* *Pedreiro* *Carpinteiro* *Leis sociais*	*h* *h* *h* *%*	*0,06377* *0,06058* *0,00319* *126,21000*				

CADERNO DE ENCARGOS E SERVIÇOS	Custo unitário total	=	
	BDI %	=	
	Preço unitário	=	
	Preço unitário adotado	=	
VERIFICADO :	APROVADO :		DATA BÁSICA / /

III-41.3 Composição de preço unitário de serviço

ITEM III-41.3	CÓDIGO	SERVIÇO Fornecimento e assentamento de guias de concreto, tipo P.M.S.P. "100"			UNIDADE m		
	Componentes	Unid.	Coef.	Custo unitário	Parcelas do custo unitário do serviço		
					Mão-de-obra	Material	Equipamento
I	*Material:*						
	Guia	m	1,05000				
	Argamassa de cimento e areia, traço 1:3	m^3	0,00013				
	Concreto f_{ck} 10,7 MPa (Bola)	m^3	0,01640				
III	*Mão-de-obra:*						
	Servente	h	0,16259				
	Assentador de guia	h	0,16259				
	Leis sociais	%	126,21000				

CADERNO DE ENCARGOS E SERVIÇOS	Custo unitário total	=
	BDI %	=
	Preço unitário	=
	Preço unitário adotado	=
VERIFICADO :	APROVADO :	DATA BÁSICA / /

III-41.4 Composição de preço unitário de serviço

ITEM III-41.4	CÓDIGO	SERVIÇO Construção de sarjeta ou sarjetão de concreto					UNIDADE m³	
		Componentes	Unid.	Coef.	Custo unitário	Parcelas do custo unitário do serviço		
						Mão-de-obra	Material	Equipamento
I		*Material:*						
		Brita n.º2	*m³*	*0,33000*				
		Concreto f_{ck} = 17,73 MPa	*m³*	*1,05000*				
		Sarrafo 1" x 6"	*m*	*14,7333*				
		Aço CA-50 Ø = 1/2"	*kg*	*1,76800*				
		Prego 18 x 27	*kg*	*0,33150*				
III		*Mão-de-obra:*						
		Servente	*h*	*4,81736*				
		Pedreiro	*h*	*1,80657*				
		Carpinteiro	*h*	*0,60211*				
		Leis sociais	*%*	*126,21000*				

CADERNO DE ENCARGOS E SERVIÇOS	Custo unitário total	=	
	BDI %	=	
	Preço unitário	=	
	Preço unitário adotado	=	
VERIFICADO:	APROVADO :		DATA BÁSICA / /

III-41.5 Composição de preço unitário de serviço

ITEM III-41.5	CÓDIGO			SERVIÇO Base de macadame hidráulico			UNIDADE m³	
	Componentes	Unid.	Coef.	Custo unitário	\multicolumn{3}{l}{Parcelas do custo unitário do serviço}	
					Mão-de-obra	Material	Equipamento	
I	Material: Brita n.º 4 Pó de pedra	m³ m³	1,25000 0,37000					
II	Equipamento: Motoniveladora 120B CAT Caminhão irrigador F-14.000 e tanque de 6.000 l com motor e bomba Rolo compressor CA-15A Carreta, c/cavalo mecânico: Volvo N10II Turbo, prancha: Trivelatto 25/35 t	h h h h	0,03556 0,02450 0,15000 0,00181					
III	Mão-de-obra: Servente Leis sociais	h %	0,57810 126,21000					

		Custo unitário total	=
CADERNO DE ENCARGOS E SERVIÇOS		BDI %	=
		Preço unitário	=
		Preço unitário adotado	=
VERIFICADO :		APROVADO :	DATA BÁSICA / /

III-41.6 Composição de preço unitário de serviço

ITEM III-41.6	CÓDIGO	SERVIÇO Base de bica corrida			UNIDADE m³	
	Componentes	Unid.	Coef.	Custo unitário	Parcelas do custo unitário do serviço		
					Mão-de-obra	Material	Equipamento
I	*Material:* *Bica corrida*	*m³*	*1,40000*				
II	*Equipamento:* *Motoniveladora 120B CAT* *Caminhão irrigador F-14.000 e* *tanque de 6.000 l com motor e* *bomba* *Rolo compressor CA-15A* *Carreta, c/cavalo mecânico:* *Volvo N10II Turbo, prancha:* *Trivelatto 25/35 t*	*h* *h* *h* *h*	*0,03982* *0,02800* *0,09800* *0,00202*				
III	*Mão-de-obra:* *Servente* *Leis sociais*	*h* %	*0,33722* *126,21000*				

CADERNO DE ENCARGOS E SERVIÇOS	Custo unitário total	=
	BDI %	=
	Preço unitário	=
	Preço unitário adotado	=
VERIFICADO :	APROVADO :	DATA BÁSICA / /

III-41.7 Composição de preço unitário de serviço

ITEM III-41.7	CÓDIGO	SERVIÇO Base de brita graduada (usinada, sem transporte)			UNIDADE m³		
	Componentes	**Unid.**	**Coef.**	**Custo unitário**	\multicolumn{3}{c}{**Parcelas do custo unitário do serviço**}
					Mão-de-obra	Material	Equipamento
I	*Material:*						
	Brita graduada	t	2,35000				
II	*Equipamento:*						
	Distribuidora de agregado Cífali SD1	h	0,03357				
	Rolo compressor CC-21	h	0,03357				
	Rolo de pneus SP 8.000	h	0,03357				
	Caminhão irrigador F-14.000 e tanque de 6.000 l com motor e bomba	h	0,02014				
	Carreta, c/cavalo mecânico: Volvo N10II Turbo, prancha: Trivelatto 25/35 t	h	0,00048				
III	*Mão-de-obra:*						
	Servente	h	0,78617				
	Rasteleiro	h	0,39308				
	Leis sociais	%	126,21000				

CADERNO DE ENCARGOS E SERVIÇOS	Custo unitário total	=
	BDI %	=
	Preço unitário	=
	Preço unitário adotado	=
VERIFICADO :	APROVADO :	DATA BÁSICA / /

III-41.8 Composição de preço unitário de serviço

ITEM III-41.8	CÓDIGO	SERVIÇO Base de macadame betuminoso			UNIDADE m³		
	Componentes	Unid.	Coef.	Custo unitário	\multicolumn{3}{c}{Parcelas do custo unitário do serviço}
					Mão-de-obra	Material	Equipamento
I	Material: Brita n.º 1	m³	0,20000				
	Brita n.º 3	m³	1,25000				
	Cimento asfáltico CAP 7	kg	100,000				
II	Equipamento: Motoniveladora 120B CAT	h	0,03556				
	Caminhão espargidor Volvo N10II turbo e tanque de 9.000 l com caneta e motor (Almeida)	h	0,05000				
	Rolo compressor CA-15A	h	0,11000				
	Carreta, c/cavalo mecânico: Volvo N10II Turbo, prancha: Trivelatto 25/35 t	h	0,00132				
III	Mão-de-obra: Servente	h	0,42000				
	Leis sociais	%	126,21000				

CADERNO DE ENCARGOS E SERVIÇOS	Custo unitário total	=	
	BDI %	=	
	Preço unitário	=	
	Preço unitário adotado	=	
VERIFICADO :	APROVADO :	DATA BÁSICA / /

III-41.9 Composição de preço unitário de serviço

ITEM III-41.9	CÓDIGO	SERVIÇO Base de concreto magro			UNIDADE m³		
	Componentes	Unid.	Coef.	Custo unitário	Parcelas do custo unitário do serviço		
					Mão-de-obra	Material	Equipamento
I	Material: Concreto f_{ck} = 11,35 MPa	m³	1,05000				
II	Equipamento: Rolo compressor CA-15A	h	0,15000				
	Carreta, c/cavalo mecânico: Volvo N10II Turbo, prancha: Trivelatto 25/35 t	h	0,00181				
III	Mão-de-obra: Servente	h	4,00000				
	Pedreiro	h	2,00000				
	Leis sociais	%	126,21000				

CADERNO DE ENCARGOS E SERVIÇOS	Custo unitário total	=
	BDI %	=
	Preço unitário	=
	Preço unitário adotado	=
VERIFICADO :	APROVADO :	DATA BÁSICA / /

III-41.10 Composição de preço unitário de serviço

ITEM III-41.10	CÓDIGO	SERVIÇO Revestimento de pré-misturado à frio (sem transporte)			UNIDADE m³		
	Componentes	Unid.	Coef.	Custo unitário	Parcelas do custo unitário do serviço		
					Mão-de-obra	Material	Equipamento
I	*Material:* *Pré-mistura à frio*	*t*	*2,00000*				
II	*Equipamento:* *Vibroacabadora Barber-Greene* *SA-37* *Rolo compressor CC-21* *Rolo de pneus SP 8.000* *Caminhão irrigador F-14.000 e tanque de 6.000 l com motor e bomba* *Carreta, c/cavalo mecânico:* *Volvo N10II Turbo, prancha:* *Trivelatto 25/35 t*	*h* *h* *h* *h* *h*	*0,02857* *0,02857* *0,02857* *0,01715* *0,00041*				
III	*Mão-de-obra:* *Servente* *Rasteleiro* *Leis sociais*	*h* *h* *%*	*0,66907* *0,33454* *126,21000*				

CADERNO DE ENCARGOS E SERVIÇOS	Custo unitário total	=	
	BDI %	=	
	Preço unitário	=	
	Preço unitário adotado	=	
VERIFICADO :	APROVADO :		DATA BÁSICA / /

III-41.11 Composição de preço unitário de serviço

ITEM III-41.11	CÓDIGO			SERVIÇO Binder usinado à quente (sem transporte)			UNIDADE m³
	Componentes	Unid.	Coef.	Custo unitário	\multicolumn{3}{c}{Parcelas do custo unitário do serviço}
					Mão-de-obra	Material	Equipamento
I	*Material:* *Binde à quente*	t	2,20000				
II	*Equipamento:* *Vibroacabadora Barber-Greene* *SA-37* *Rolo compressor CC-21* *Rolo de pneus SP 8.000* *Caminhão irrigador F-14.000* *e tanque de 6.000 l com motor* *e bomba* *Carreta, c/cavalo mecânico:* *Volvo N10II Turbo, prancha:* *Trivelatto 25/35 t*	h h h h h	0,03929 0,03929 0,03929 0,02357 0,00056				
III	*Mão-de-obra:* *Servente* *Rasteleiro* *Leis sociais*	h h %	0,91998 0,45999 126,21000				

CADERNO DE ENCARGOS E SERVIÇOS	Custo unitário total	=
	BDI %	=
	Preço unitário	=
	Preço unitário adotado	=
VERIFICADO :	APROVADO :	DATA BÁSICA / /

III-41.12 Composição de preço unitário de serviço

ITEM III-41.12	CÓDIGO		SERVIÇO Imprimadura impermeabilizante				UNIDADE m²	
	Componentes	Unid.	Coef.	Custo unitário	\multicolumn{3}{c}{Parcelas do custo unitário do serviço}
					Mão-de-obra	Material	Equipamento
I	*Material:* *Cimento asfáltico diluído CM-30*	kg	1,50000				
II	*Equipamento:* *Caminhão espargidor Volvo N10II turbo e tanque de 9.000 l com caneta e motor (Almeida)*	h	0,00398				
	Caminhão irrigador F-14.000 e tanque de 6.000 l com motor e bomba	h	0,00239				
III	*Mão-de-obra:* *Servente* *Leis sociais*	h %	0,03000 126,21000				

CADERNO DE ENCARGOS E SERVIÇOS	Custo unitário total	=	
	BDI %	=	
	Preço unitário	=	
	Preço unitário adotado	=	
VERIFICADO :	APROVADO :		DATA BÁSICA / /

III-41.13 Composição de preço unitário de serviço

ITEM III-41.13	CÓDIGO	SERVIÇO Imprimadura ligante			UNIDADE m²	
	Componentes	Unid.	Coef.	Custo unitário	Parcelas do custo unitário do serviço		
					Mão-de-obra	Material	Equipamento
I	Material: Emulsão RR-1C	kg	1,20000				
II	Equipamento Caminhão espargidor Volvo N10II turbo e tanque de 9.000 l com caneta e motor (Almeida) Caminhão irrigador F-14.000 com tanque de 6.000 l com motor e bomba	h h	0,00318 0,00191				
III	Mão-de-obra: Servente Leis sociais	h %	0,03000 126,21000				

CADERNO DE ENCARGOS E SERVIÇOS	Custo unitário total	=
	BDI %	=
	Preço unitário	=
	Preço unitário adotado	=
VERIFICADO :	APROVADO :	DATA BÁSICA / /

III-41.14 Composição de preço unitário de serviço

ITEM III-41.14	CÓDIGO	SERVIÇO Revestimento com concreto asfáltico, faixa A (sem transporte)			UNIDADE m³		
	Componentes	Unid.	Coef.	Custo unitário	Parcelas do custo unitário do serviço		
					Mão-de-obra	Material	Equipamento
I	*Material:* *Concreto asfáltico faixa A*	*t*	*2,40000*				
II	*Equipamento:* *Vibroacabadora Barber-Greene* *SA-37* *Rolo compressor CC-21* *Rolo de pneus SP 8.000* *Caminhão irrigador F-14.000 e* *tanque de 6.000 l com motor e* *bomba* *Carreta, c/cavalo mecânico:* *Volvo N10II Turbo, prancha:* *Trivelatto 25/35 t*	*h* *h* *h* *h* *h*	*0,04286* *0,04286* *0,04286* *0,02571* *0,00061*				
III	*Mão-de-obra:* *Servente* *Rasteleiro* *Leis sociais*	*h* *h* *%*	*1,00361* *0,50181* *126,21000*				

CADERNO DE ENCARGOS E SERVIÇOS	Custo unitário total	=	
	BDI %	=	
	Preço unitário	=	
	Preço unitário adotado	=	
VERIFICADO:	APROVADO:	DATA BÁSICA / /	

III-41.15 Composição de preço unitário de serviço

ITEM III-41.15	CÓDIGO		SERVIÇO Revestimento com concreto asfáltico, faixa B (sem transporte)			UNIDADE m³	
	Componentes	Unid.	Coef.	Custo unitário	\multicolumn{3}{c}{Parcelas do custo unitário do serviço}
					Mão-de-obra	Material	Equipamento
I	Material: Concreto asfáltico faixa B	t	2,40000				
II	Equipamento: Vibroacabadora Barber-Greene SA-37 Rolo compressor CC-21 Rolo de pneus SP 8.000 Caminhão irrigador F-14.000 e tanque de 6.000 l com motor e bomba Carreta, c/cavalo mecânico: Volvo N10II Turbo, prancha: Trivelatto 25/35 t	h h h h h	0,04286 0,04286 0,04286 0,02571 0,00061				
III	Mão-de-obra: Servente Rasteleiro Leis sociais	h h %	1,00361 0,50181 126,21000				

CADERNO DE ENCARGOS E SERVIÇOS	Custo unitário total	=
	BDI %	=
	Preço unitário	=
	Preço unitário adotado	=
VERIFICADO :	APROVADO :	DATA BÁSICA / /

III-41.16 Composição de preço unitário de serviço

ITEM III-41.16	CÓDIGO	SERVIÇO Revestimento com concreto asfáltico, faixa IV B do IA, (sem transporte)			UNIDADE m³		
		Componentes	Unid.	Coef.	Custo unitário	\multicolumn{3}{c}{Parcelas do custo unitário do serviço}
||				Mão-de-obra	Material	Equipamento
I || *Material:*						
|| *Concreto asfáltico faixa IV B*	t	2,42000				
II || *Equipamento:*						
|| *Vibroacabadora Barber-Greene SA-37*	h	0,04286				
|| *Rolo compressor CC-21*	h	0,04286				
|| *Rolo de pneus SP 8.000*	h	0,04286				
|| *Caminhão irrigador F-14.000 e tanque de 6.000 l com motor e bomba*	h	0,02571				
|| *Carreta, c/cavalo mecânico: Volvo N10II Turbo, prancha: Trivelatto 25/35 t*	h	0,00061				
III || *Mão-de-obra:*						
|| *Servente*	h	1,00361				
|| *Rasteleiro*	h	0,50181				
|| *Leis sociais*	%	126,21000				

CADERNO DE ENCARGOS E SERVIÇOS	Custo unitário total	=	
	BDI %	=	
	Preço unitário	=	
	Preço unitário adotado	=	
VERIFICADO :	APROVADO :	DATA BÁSICA / /	

III-41.17 Composição de preço unitário de serviço

ITEM III-41.17	CÓDIGO	SERVIÇO Revestimento de pré-misturado à quente (sem transporte)			UNIDADE m³		
	Componentes	Unid.	Coef.	Custo unitário	Parcelas do custo unitário do serviço		
					Mão-de-obra	Material	Equipamento
I	*Material:* *Pré-misturado à quente*	*t*	*2,40000*				
II	*Equipamento:* *Vibroacabadora Barber-Greene SA-37* *Rolo compressor CC-21* *Rolo de pneus SP 8.000* *Caminhão irrigador F-14.000 e tanque de 6.000 l com motor e bomba* *Carreta, c/cavalo mecânico: Volvo N10II Turbo, prancha: Trivelatto 25/35 t*	*h* *h* *h* *h* *h*	*0,04286* *0,04286* *0,04286* *0,02571* *0,00061*				
III	*Mão-de-obra:* *Servente* *Rasteleiro* *Leis sociais*	*h* *h* *%*	*1,00361* *0,50181* *126,21000*				

CADERNO DE ENCARGOS E SERVIÇOS	Custo unitário total	=
	BDI %	=
	Preço unitário	=
	Preço unitário adotado	=
VERIFICADO :	APROVADO :	DATA BÁSICA / /

III-41.18 Composição de preço unitário de serviço

ITEM III-41.18	CÓDIGO	SERVIÇO Fresagem (sem transporte) espessura 0,05 m			UNIDADE m²		
	Componentes	Unid.	Coef.	Custo unitário	Parcelas do custo unitário do serviço		
					Mão-de-obra	Material	Equipamento
II	*Equipamento:* *Fresadora Wirtgen SF 1.000C* *Caminhão irrigador F-14.000 e* *tanque de 6.000 l com motor e* *bomba* *Carreta, c/cavalo mecânico:* *Volvo N10II Turbo, prancha:* *Trivelatto 25/35 t*	*h* *h* *h*	0,00577 0,00347 0,00451				
III	*Mão-de-obra:* *Servente* *Leis sociais*	*h* %	0,04040 126,21000				

CADERNO DE ENCARGOS E SERVIÇOS	Custo unitário total	=
	BDI %	=
	Preço unitário	=
	Preço unitário adotado	=
VERIFICADO :	APROVADO :	DATA BÁSICA / /

III-41.19 Composição de preço unitário de serviço

ITEM III-41.19	CÓDIGO			SERVIÇO Revestimento com reciclado (sem transporte)			UNIDADE m³
					Parcelas do custo unitário do serviço		
	Componentes	Unid.	Coef.	Custo unitário	Mão-de-obra	Material	Equipamento
I	**Material:** Reciclado	t	2,40000				
II	**Equipamento:** Vibroacabadora Barber-Greene SA-37	h	0,04286				
	Rolo compressor CC-21	h	0,04286				
	Rolo de pneus SP 8.000	h	0,04286				
	Caminhão irrigador F-14.000 e tanque de 6.000 l com motor e bomba	h	0,02571				
	Carreta, c/cavalo mecânico: Volvo N10II Turbo, prancha: Trivelatto 25/35 t	h	0,00061				
III	**Mão-de-obra:** Servente	h	1,00361				
	Rasteleiro	h	0,50181				
	Leis sociais	%	126,21000				

		Custo unitário total	=
CADERNO DE ENCARGOS E SERVIÇOS		BDI %	=
		Preço unitário	=
		Preço unitário adotado	=
VERIFICADO:		APROVADO:	DATA BÁSICA / /

III-41.20 Composição de preço unitário de serviço

ITEM III-41.20	CÓDIGO	SERVIÇO Transporte de usinados e de material fresado			UNIDADE m³ x km		
	Componentes	Unid.	Coef.	Custo unitário	Parcelas do custo unitário do serviço		
					Mão-de-obra	Material	Equipamento
II	*Equipamento:* *Caminhão basculante F-14.000* *e caçamba de 6,00 m³*	h	0,00980				

CADERNO DE ENCARGOS E SERVIÇOS	Custo unitário total	=	
	BDI %	=	
	Preço unitário	=	
	Preço unitário adotado	=	
VERIFICADO :	APROVADO :	DATA BÁSICA / /	

III-41.21 Composição de preço unitário de serviço

ITEM III-41.21	CÓDIGO			SERVIÇO Construção de pavimento de concreto aparente f_{ck} = 21,3 MPa por processo manual			UNIDADE m^3	
	Componentes	Unid.	Coef.	Custo unitário	Parcelas do custo unitário do serviço		
					Mão-de-obra	Material	Equipamento
I	Material:						
	Concreto f_{ck} = 21,3 MPa	m^3	1,05000				
	Forma	m^2	0,34444				
	Aço CA-25 Ø = 1"	kg	17,6337				
	Aço CA-50 Ø = 1/2"	kg	2,17800				
	Cimento asfáltico CAP 7 (66%)	kg	0,59400				
	Creosoto (14%)	kg	0,12600				
	Nafta (20%)	kg	0,18000				
	Papel kraft (200 g/m²)	m^2	5,00000				
	Cimento asfáltico CAP 20 (35%)	kg	0,35000				
	Cimento Portland CP 32 (65%)	kg	0,65000				
	Disco diamantado	un	0,01220				
II	Equipamento:						
	Caminhão com carroceria de madeira F-22.000, 7,00 m	h	0,25000				
	Caminhão irrigador F-14.000 e tanque de 6.000 l com motor e bomba	h	0,25000				
	Grupo gerador diesel	h	0,25000				
III	Mão-de-obra:						
	Servente	h	5,30499				
	Pedreiro	h	2,40000				
	Ferreiro	h	0,85250				
	Leis sociais	%	126,21000				

CADERNO DE ENCARGOS E SERVIÇOS	Custo unitário total	=
	BDI %	=
	Preço unitário	=
	Preço unitário adotado	=
VERIFICADO :	APROVADO :	DATA BÁSICA / /

III-41.22 Composição de preço unitário de serviço

ITEM III-41.22	CÓDIGO	SERVIÇO Fornecimento e assentamento de paralelepípedos			UNIDADE m²		
		Componentes	Unid.	Coef.	Custo unitário	Parcelas do custo unitário do serviço		
						Mão-de-obra	Material	Equipamento
I		*Material:* *Paralelepípedos*	un	33,0000				
III		*Mão-de-obra:* *Servente* *Calceteiro* *Leis sociais*	h h %	0,52100 0,26050 126,21000				

CADERNO DE ENCARGOS E SERVIÇOS	Custo unitário total	=
	BDI %	=
	Preço unitário	=
	Preço unitário adotado	=
VERIFICADO :	APROVADO :	DATA BÁSICA / /

III-41.23 Composição de preço unitário de serviço

ITEM III-41.23	CÓDIGO			SERVIÇO Coxim de areia			UNIDADE m³	
	Componentes	Unid.	Coef.	Custo unitário	\multicolumn{3}{l}{Parcelas do custo unitário do serviço}	
					Mão-de-obra	Material	Equipamento	
I	*Material:* *Areia grossa*	*m³*	*1,1000*					
II	*Mão-de-obra:* *Servente* *Leis sociais*	*h* *%*	*0,47874* *126,21000*					

CADERNO DE ENCARGOS E SERVIÇOS	Custo unitário total	=
	BDI %	=
	Preço unitário	=
	Preço unitário adotado	=
VERIFICADO :	APROVADO :	DATA BÁSICA / /

III-41.24 Composição de preço unitário de serviço

ITEM III-41.24	CÓDIGO		SERVIÇO Rejuntamento de paralelepípedos com areia			UNIDADE m²		
	Componentes	Unid.	Coef.	Custo unitário	Parcelas do custo unitário do serviço			
					Mão-de-obra	Material	Equipamento	
I	*Material:* *Areia grossa*	m^3	0,03640					
II	*Equipamento:* *Rolo compressor CA-15A* *Carreta, c/cavalo mecânico:* *Volvo N10II Turbo, prancha:* *Trivelatto 25/35 t*	h h	0,01950 0,00077					
III	*Mão-de-obra:* *Servente* *Calceteiro* *Leis sociais*	h h %	0,02898 0,01449 126,21000					

CADERNO DE ENCARGOS E SERVIÇOS	Custo unitário total	=
	BDI %	=
	Preço unitário	=
	Preço unitário adotado	=
VERIFICADO :	APROVADO :	DATA BÁSICA / /

III-41.25 Composição de preço unitário de serviço

ITEM III-41.25	CÓDIGO			SERVIÇO Rejuntamento de paralelepípedos com argamassa de cimento e areia no traço 1:3			UNIDADE m²	
	Componentes	Unid.	Coef.	Custo unitário	Parcelas do custo unitário do serviço			
					Mão-de-obra	Material	Equipamento	
I	*Material:* *Argamassa de cimento e areia no traço 1:3*	*m³*	*0,03640*					
III	*Mão-de-obra:* *Servente* *Calceteiro* *Leis sociais*	*h* *h* *%*	*0,11984* *0,05992* *126,21000*					

CADERNO DE ENCARGOS E SERVIÇOS	Custo unitário total	=
	BDI %	=
	Preço unitário	=
	Preço unitário adotado	=
VERIFICADO :	APROVADO :	DATA BÁSICA / /

III-41.26 Composição de preço unitário de serviço

ITEM III-41.26	CÓDIGO		SERVIÇO Rejuntamento de paralelepípedos com asfalto e pedrisco			UNIDADE m²		
	Componentes	Unid.	Coef.	Custo unitário	\multicolumn{3}{c}{Parcelas do custo unitário do serviço}	
					Mão-de-obra	Material	Equipamento
I	*Material:* *Asfalto CAP 7* *Pedrisco*	*kg* *m³*	*4,00000* *0,02427*				
II	*Equipamento:* *Rolo compressor CA-15A* *Carreta, c/cavalo mecânico:* *Volvo N10II Turbo, prancha:* *Trivelatto 25/35 t*	*h* *h*	*0,01950* *0,00077*				
III	*Mão-de-obra:* *Servente* *Calceteiro* *Leis sociais*	*h* *h* *%*	*0,11984* *0,05992* *126,21000*				

CADERNO DE ENCARGOS E SERVIÇOS	Custo unitário total	=	
	BDI %	=	
	Preço unitário	=	
	Preço unitário adotado	=	
VERIFICADO :	APROVADO :		DATA BÁSICA / /

III-41.27 Composição de preço unitário de serviço

ITEM III-41.27	CÓDIGO		SERVIÇO Passeio de concreto f_{ck} = 16,3 MPa, inclusive preparo do subleito e lastro de brita			UNIDADE m^3		
	Componentes	Unid.	Coef.	Custo unitário	\multicolumn{3}{c}{Parcelas do custo unitário do serviço}	
					Mão-de-obra	Material	Equipamento
I	Material:						
	Concreto f_{ck} = 16,3 MPa	m^3	1,05000				
	Brita n.º 2	m^3	0,47143				
	Ripa de pinho 1 x 7 cm	m	21,42857				
III	Mão-de-obra:						
	Servente	h	0,36367				
	Pedreiro	h	0,18183				
	Carpinteiro	h	0,18183				
	Leis sociais	%	126,21000				

CADERNO DE ENCARGOS E SERVIÇOS	Custo unitário total	=
	BDI %	=
	Preço unitário	=
	Preço unitário adotado	=
VERIFICADO:	APROVADO:	DATA BÁSICA / /

III-41.28 Composição de preço unitário de serviço

ITEM III-41.28	CÓDIGO	SERVIÇO Passeio de mosaico português, inclusive lavagem com ácido e preparo do subleito					UNIDADE m²	
		Componentes	Unid.	Coef.	Custo unitário	Parcelas do custo unitário do serviço		
						Mão-de-obra	Material	Equipamento
I		*Material:*						
		Concreto f_{ck} = 10,7 MPa	*m³*	*0,05250*				
		Argamassa de cimento e areia no traço 1:3	*m³*	*0,05000*				
		Ripa de pinho 1 x 5 cm	*m*	*1,50000*				
		Basalto preto	*m²*	*0,50000*				
		Basalto branco	*m²*	*0,50000*				
		Ácido muriático	*kg*	*0,20000*				
II		*Mão-de-obra:*						
		Servente	*h*	*0,96402*				
		Pedreiro	*h*	*0,48201*				
		Carpinteiro	*h*	*0,48201*				
		Leis sociais	*%*	*126,21000*				

CADERNO DE ENCARGOS E SERVIÇOS	Custo unitário total	=	
	BDI %	=	
	Preço unitário	=	
	Preço unitário adotado	=	
VERIFICADO :	APROVADO :		DATA BÁSICA / /

III-41.29 Composição de preço unitário de serviço

ITEM III-41.29	CÓDIGO		SERVIÇO Passeio de ladrilho hidráulico, inclusive preparo do subleito			UNIDADE m²		
					Custo unitário	Parcelas do custo unitário do serviço		
	Componentes		Unid.	Coef.		Mão-de-obra	Material	Equipamento
I	*Material:* *Concreto f_{ck} = 10,7 MPa* *Argamassa de cimento e areia* *no traço 1:3* *Ripa de pinho 1 x 5 cm* *Ladrilho hidráulico 20 x 20 cm*		*m³* *m³* *m* *m²*	*0,05250* *0,01500* *1,50000* *1,05000*				
II	*Mão-de-obra:* *Servente* *Pedreiro* *Carpinteiro* *Leis sociais*		*h* *h* *h* *%*	*0,83927* *0,41964* *0,41964* *126,21000*				

CADERNO DE ENCARGOS E SERVIÇOS	Custo unitário total	=
	BDI %	=
	Preço unitário	=
	Preço unitário adotado	=
VERIFICADO :	APROVADO :	DATA BÁSICA / /

III-41.30 Composição de preço unitário de serviço

ITEM III-41.30	CÓDIGO		SERVIÇO Tratamento de revestimento betuminoso com Ancorsfalt			UNIDADE m²		
	Componentes	Unid.	Coef.	Custo unitário	\multicolumn{3}{c}{Parcelas do custo unitário do serviço}
					Mão-de-obra	Material	Equipamento
I	*Material:*						
	Ancorsfalt	kg	0,90000				
	Grão	kg	0,30000				
	Solvente	kg	0,10000				
II	*Mão-de-obra:*						
	Servente	h	0,29019				
	Leis sociais	%	126,21000				

CADERNO DE ENCARGOS E SERVIÇOS	Custo unitário total	=
	BDI %	=
	Preço unitário	=
	Preço unitário adotado	=
VERIFICADO :	APROVADO :	DATA BÁSICA / /

III-41.31 Composição de preço unitário de serviço

ITEM III-41.31	CÓDIGO	SERVIÇO Revestimento com brita n.º 2, misturado no local			UNIDADE m²		
		Componentes	Unid.	Coef.	Custo unitário	Parcelas do custo unitário do serviço		
						Mão-de-obra	Material	Equipamento
I		Material: Brita n.º 2	m³	0,06000				
II		Equipamento: Motoniveladora 120B CAT	h	0,00100				
		Caminhão irrigador F-14.000 e tanque de 6.000 l com motor e bomba	h	0,00208				
		Rolo compactador de pneus SP 8.000	h	0,00400				
		Rolo pé-de-carneiro CA-15P	h	0,00400				
		Trator de pneus CBT 2105	h	0,00400				
		Caminhão basculante F-14.000 com 6 m³	h	0,00208				
		Carreta, c/cavalo mecânico: Volvo N10II Turbo, prancha: Trivelatto 25/35 t	h	0,00001				
III		Mão-de-obra: Servente	h	0,00600				
		Leis sociais	%	126,21000				

CADERNO DE ENCARGOS E SERVIÇOS	Custo unitário total	=
	BDI %	=
	Preço unitário	=
	Preço unitário adotado	=
VERIFICADO:	APROVADO:	DATA BÁSICA / /

III-41.32 Composição de preço unitário de serviço

ITEM III-41.32	CÓDIGO	SERVIÇO Plantio de grama em placas (batatais "Paspalum notatum") inclusive acerto do terreno, compactação e cobertura com terra adubada			UNIDADE m²		
	Componentes	Unid.	Coef.	Custo unitário	Parcelas do custo unitário do serviço		
					Mão-de-obra	Material	Equipamento
I	*Material:* *Gama Paspalum notatum* *Terra adubada*	*m²* *m³*	*1,00000* *0,01500*				
II	*Equipamento:* *Caminhão irrigador F-14.000 e tanque de 6.000 l com motor e bomba*	*h*	*0,00161*				
III	*Mão-de-obra:* *Servente* *Jardineiro* *Leis sociais*	*h* *h* *%*	*0,12211* *0,06105* *126,21000*				

CADERNO DE ENCARGOS E SERVIÇOS	Custo unitário total	=
	BDI %	=
	Preço unitário	=
	Preço unitário adotado	=
VERIFICADO :	APROVADO :	DATA BÁSICA / /

PARTE IV
SERVIÇOS COMPLEMENTARES

IV-1   Arrancamento de guias de concreto (m).

IV-2   Carga de guias em caminhão (m).

IV-3   Transporte de guias para local determinado pela fiscalização (m x km).

IV-4   Reassentamento de guias de concreto (m).

IV-5   Demolição de pavimento ou sarjeta de concreto (m^2).

IV-6   Carga do material da demolição do pavimento ou sarjeta de concreto em caminhão (m^3).

IV-7   Transporte do material proveniente da demolição do pavimento ou sarjeta de concreto para local determinado pela fiscalização (m^3 x km).

IV-8   Demolição de pavimento asfáltico (m^2).

IV-9   Carga do material proveniente da demolição do pavimento asfáltico em caminhão (m^3).

IV-10 Transporte do material proveniente da demolição do pavimento asfáltico para local determinado pela fiscalização (m^3 x km).

IV-11 Demolição de revestimento asfáltico (m^2).

IV-12 Carga do material proveniente da demolição do revestimento asfáltico em caminhão (m^3).

IV-13 Transporte do material proveniente da demolição do revestimento asfáltico para local determinado pela fiscalização (m^3 x km).

IV-14 Arrancamento de paralelepípedos (m^2).

IV-15 Limpeza e empilhamento de paralelepípedos (m^2).

IV-16 Carga de paralelepípedos em caminhão (m^2).

IV-17 Transporte de paralelepípedos para local determinado pela fiscalização (m^2 x km).

IV-18 Reassentamento de paralelepípedos (m^2).

Descrição dos serviços

IV-1 Arrancamento de guias de concreto

Consiste na retirada da guia do local onde a mesma está assentada.

Método de execução

O arrancamento é efetuado com o auxílio de pequenas ferramentas e manualmente (alavanca, colher de pedreiro, marreta etc.).

Critério de medição e pagamento

Por m (metro) de guia arrancada. O projeto deve assinalar as guias que serão objeto de arrancamento. Exclui-se desta remuneração a base de concreto que será paga pelo item correspondente.

IV-2 Carga de guias em caminhão

Se as guias estiverem em condições de serem reaproveitadas, serão colocadas em caminhões de carroceria, manualmente. Caso contrário, serão colocadas em caminhões basculantes com o auxílio de carregadeira de pneus.

Equipamentos

Carregadeira de pneus 930 CAT ou similar
Carreta

Critério de medição e pagamento

Por m (metro) de guias carregadas.

IV-3 Transporte de guias para local determinado pela fiscalização

É o deslocamento, do material considerado inadequado para a obra em execução, para o local determinado pela fiscalização.

Equipamento

Caminhão de carroceria/basculante

Critério de medição e pagamento

Por m × km (metro por quilômetro) de guias transportadas.

IV-4 Reassentamento de guias de concreto *(tipo P.M.S.P. "100")*

Consiste do assentamento de guias nos alinhamentos previstos em projeto.

Método de execução

- Após a execução da base de concreto, o reassentamento das guias deverá ser feito antes de decorrida uma hora do lançamento do concreto na fôrma;
- As guias serão escoradas nas juntas, por meio de bolas de concreto, com a mesma resistência do concreto da base com 0,25 m de raio;
- As juntas serão tomadas com argamassa de cimento e areia, no traço 1:3. A face exposta da junta será dividida ao meio por um friso de aproximadamente 3 mm de diâmetro, normal ao plano do piso;
- A faixa de 1 m contígua às guias, deverá ser aterrada com material de boa qualidade;
- O aterro deverá ser feito em camadas paralelas de 0,15 m, compactadas com soquetes manuais, com peso mínimo de 10 kg e secção não superior a 20 × 20 cm.

Critério de medição e pagamento

Por m (metro) de guia de concreto, reassentada.

IV-5 Demolição de pavimento ou sarjeta de concreto

Consiste na quebra do pavimento ou sarjeta de concreto.

Equipamentos

Compressor de ar XAS 80 Atlas Copco ou similar
Rompedores TEX 31 ou similar
Caminhão de carroceria de madeira com guincho

Método de execução

Após delimitação dos locais do pavimento ou trechos de sarjeta que serão quebrados, inicia-se a demolição com a utilização do compressor de ar e dos marteletes.

Critério de medição e pagamento

Por m^2 (metro quadrado) de pavimento ou de sarjeta de concreto demolido, excluindo-se a base, que será remunerada pelo item correspondente.

IV-6 Carga do material da demolição do pavimento ou sarjeta de concreto em caminhão

Consiste na colocação do material demolido em caminhões, para que o mesmo seja transportado ao local determinado pela fiscalização.

Equipamentos

Pá carregadeira de pneus CAT 930 ou similar
Carreta

Critério de medição e pagamento

Por m³ (metro cúbico) de material carregado, proveniente da demolição de pavimento ou de sarjeta de concreto.

IV-7 Transporte do material proveniente da demolição de pavimento ou sarjeta de concreto para local determinado pela fiscalização

É o deslocamento do material demolido, da obra para o local determinado pela fiscalização.

Equipamento

Caminhão basculante

Critério de medição e pagamento

Por m³ × km (metro cúbico por quilômetro) de material carregado e transportado, proveniente da demolição de pavimento ou sarjeta de concreto.

IV-8 Demolição de pavimento asfáltico

Consiste na quebra do pavimento asfáltico.

Equipamentos

Compressor de ar XAS 80 Atlas Copco ou similar
Rompedores TEX 31 ou similar
Caminhão de carroceria de madeira com guincho

Método de execução

Após delimitação dos locais do pavimento a serem quebrados, inicia-se a demolição com a utilização do compressor de ar e dos marteletes.

Critério de medição e pagamento

Por m² (metro quadrado) de pavimento asfáltico demolido.

IV-9 Carga do material proveniente da demolição do pavimento asfáltico em caminhão

Consiste na colocação do material demolido em caminhão, para que o mesmo seja transportado ao local determinado pela fiscalização.

Equipamentos

Pá carregadeira de pneus CAT 930 ou similar
Carreta

Critério de medição e pagamento

Por m³ (metro cúbico) de material carregado, proveniente da demolição de pavimento.

IV-10 Transporte do material proveniente da demolição do pavimento asfáltico para local determinado pela fiscalização

É o deslocamento do material demolido, da obra para o local determinado pela fiscalização.

Equipamento

Caminhão basculante

Critério de medição e pagamento

Por m³ × km (metro cúbico por quilômetro) de material carregado e transportado, proveniente da demolição do pavimento asfáltico.

IV-11 Demolição de revestimento asfáltico

Consiste na quebra do revestimento asfáltico.

Equipamentos

Compressor de ar XAS 80 Atlas Copco ou similar
Rompedores TEX 31 ou similar
Caminhão de carroceria de madeira com guincho

Método de execução

Após a delimitação dos locais do revestimento que serão quebrados, inicia-se a demolição com a utilização do compressor de ar e dos marteletes.

Critério de medição e pagamento

Por m² (metro quadrado) de revestimento asfáltico demolido.

IV-12 Carga do material proveniente da demolição do revestimento asfáltico em caminhão

Consiste na colocação do material demolido em caminhão, para que o mesmo seja transportado ao local determinado pela fiscalização.

Equipamentos

Pá carregadeira de pneus CAT 930 ou similar
Carreta

Critério de medição e pagamento

Por m³ (metro cúbico) de material carregado, proveniente da demolição do revestimento asfáltico.

IV-13 Transporte do material proveniente da demolição do revestimento asfáltico para local determinado pela fiscalização

É o deslocamento do material demolido, da obra para o local determinado pela fiscalização.

Equipamento

Caminhão basculante

Critério de medição e pagamento

Por m³ × km (metro cúbico por quilômetro) de material carregado e transportado, proveniente da demolição do revestimento asfáltico.

IV-14 Arrancamento de paralelepípedos

É o ato de retirar os paralelepípedos do local em que os mesmos foram assentados, manualmente.

Critério de medição e pagamento

Por m² (metro quadrado) de paralelepípedos arrancados (mede-se a área de onde os mesmos foram arrancados).

IV-15 Limpeza e empilhamento de paralelepípedos

Consiste na limpeza do material de rejuntamento das pedras e empilhamento das mesmas.

Critério de medição e pagamento

Por m² (metro quadrado) de paralelepípedos arrancados (mede-se a área de onde os mesmos foram arrancados).

IV-16 Carga de paralelepípedos em caminhão

Consiste na colocação dos paralelepípedos, limpos e empilhados, em caminhão, para que os mesmos sejam transportados ao local determinado pela fiscalização.

Equipamentos

Pá carregadeira CAT 930 ou similar
Carreta

Critério de medição e pagamento

Por m² (metro quadrado) de paralelepípedos arrancados (mede-se a área de onde os mesmos foram arrancados).

IV-17 Transporte de paralelepípedos para local determinado pela fiscalização

É o deslocamento dos paralelepípedos arrancados, da obra para o local determinado pela fiscalização.

Equipamento

Caminhão basculante

Critério de medição e pagamento

Por m² × km (metro quadrado por quilômetro) de paralelepípedos arrancados (mede-se a área de onde os mesmos foram arrancados).

IV-18 Reassentamento de paralelepípedos

Consiste no reassentamento de paralelepípedos sobre base de concreto magro, de areia ou de pó de pedra.

O reassentamento seguirá o mesmo método de execução utilizado para o fornecimento e assentamento de paralelepípedos.

Critério de medição e pagamento

Por m² (metro quadrado) de paralelepípedos assentados, sem fornecimento dos mesmos.

IV-19 Composições de preços unitários de serviços

IV-19.1 Composição de preço unitário de serviço

ITEM IV-19.1	CÓDIGO	SERVIÇO Arrancamento de guias de concreto			UNIDADE m	
	Componentes	**Unid.**	**Coef.**	**Custo unitário**	**Parcelas do custo unitário do serviço**		
					Mão-de-obra	Material	Equipamento
III	*Mão-de-obra:*						
	Servente	h	0,09033				
	Leis sociais	%	126,21000				

CADERNO DE ENCARGOS E SERVIÇOS	Custo unitário total	=
	BDI %	=
	Preço unitário	=
	Preço unitário adotado	=
VERIFICADO :	APROVADO :	DATA BÁSICA / /

IV-19.2 Composição de preço unitário de serviço

ITEM IV-19.2	CÓDIGO		SERVIÇO Carga de guias em caminhão				UNIDADE m	
	Componentes	Unid.	Coef.	Custo unitário	\multicolumn{3}{l	}{Parcelas do custo unitário do serviço}
					Mão-de-obra	Material	Equipamento
III	*Mão-de-obra:* *Servente* *Leis sociais*	h %	0,08130 126,21000				

CADERNO DE ENCARGOS E SERVIÇOS	Custo unitário total	=	
	BDI %	=	
	Preço unitário	=	
	Preço unitário adotado	=	
VERIFICADO:	APROVADO:	\multicolumn{2}{l	}{DATA BÁSICA / /}

IV-19.3 Composição de preço unitário de serviço

ITEM IV-19.3	CÓDIGO			SERVIÇO Transporte de guias, para local determinado pela fiscalização			UNIDADE m x km	
		Componentes	Unid.	Coef.	Custo unitário	\multicolumn{3}{l	}{Parcelas do custo unitário do serviço}
						Mão-de-obra	Material	Equipamento
II		*Equipamento:* *Caminhão de carroceria de* *madeira F-22.000 - 7 m*	h	0,00117				
III		*Mão-de-obra:* *Servente* *Leis sociais*	h %	0,08130 126,21000				

CADERNO DE ENCARGOS E SERVIÇOS	Custo unitário total	=
	BDI %	=
	Preço unitário	=
	Preço unitário adotado	=
VERIFICADO:	APROVADO:	DATA BÁSICA / /

IV- 19.4 Composição de preço unitário de serviço

ITEM IV-19.4	CÓDIGO		Reassentamento de guias de concreto				UNIDADE m	
	Componentes	Unid.	Coef.	Custo unitário	\multicolumn{3}{c}{Parcelas do custo unitário do serviço}	
					Mão-de-obra	Material	Equipamento	
I	Material: Argamassa de cimento e areia, traço 1:3	m^3	0,00013					
	Concreto f_{ck} = 10,7 MPa (Bola)	m^3	0,01640					
III	Mão-de-obra: Servente	h	0,16259					
	Assentador de guia	h	0,16259					
	Leis sociais	%	126,21000					

CADERNO DE ENCARGOS E SERVIÇOS	Custo unitário total	=
	BDI %	=
	Preço unitário	=
	Preço unitário adotado	=
VERIFICADO :	APROVADO :	DATA BÁSICA / /

IV-19.5 Composição de preço unitário de serviço

ITEM IV-19.5	CÓDIGO	SERVIÇO Demolição de pavimento ou sarjeta de concreto			UNIDADE m²	
	Componentes	Unid.	Coef.	Custo unitário	Parcelas do custo unitário do serviço		
					Mão-de-obra	Material	Equipamento
II	*Equipamento:* *Compressor de ar XAS80 Atlas Copco* *Caminhão de carroceria de madeira F-22.000 - 7 m* *Rompedor TEX 31 Atlas Copco*	*h* *h* *h*	*0,04921* *0,00001* *0,09843*				

CADERNO DE ENCARGOS E SERVIÇOS	Custo unitário total	=
	BDI %	=
	Preço unitário	=
	Preço unitário adotado	=
VERIFICADO:	APROVADO:	DATA BÁSICA / /

IV-19.6 Composição de preço unitário de serviço

ITEM IV-19.6	CÓDIGO	SERVIÇO Carga de material da demolição do pavimento ou sarjeta de concreto em caminhão			UNIDADE m³		
	Componentes	**Unid.**	**Coef.**	**Custo unitário**	**Parcelas do custo unitário do serviço**		
					Mão-de-obra	Material	Equipamento
II	*Equipamento:* *Carregadeira de pneus 930 CAT* *Carreta, c/cavalo mecânico:* *Volvo N10II Turbo, prancha:* *Trivelatto 25/35 t*	*h* *h*	*0,06120* *0,00001*				

CADERNO DE ENCARGOS E SERVIÇOS	Custo unitário total	=	
	BDI %	=	
	Preço unitário	=	
	Preço unitário adotado	=	
VERIFICADO:	APROVADO:	DATA BÁSICA / /	

IV-19.7 Composição de preço unitário de serviço

ITEM IV-19.7	CÓDIGO		SERVIÇO Transporte de material proveniente da demolição de pavimento ou sarjeta de concreto, para local determinado pela fiscalização			UNIDADE m³ X km	
	Componentes	Unid.	Coef.	Custo unitário	Parcelas do custo unitário do serviço		
					Mão-de-obra	Material	Equipamento
II	Equipamento: Caminhão basculante F-14.000 6m³	h	0,00861				
III	Mão-de-obra: Servente Leis sociais	h %	0,00861 126,21000				

CADERNO DE ENCARGOS E SERVIÇOS	Custo unitário total	=
	BDI %	=
	Preço unitário	=
	Preço unitário adotado	=
VERIFICADO	APROVADO:	DATA BÁSICA / /

IV-19.8 Composição de preço unitário de serviço

ITEM IV-19.8	CÓDIGO	SERVIÇO Demolição de pavimento asfáltico			UNIDADE m²	
	Componentes	Unid.	Coef.	Custo unitário	Parcelas do custo unitário do serviço		
					Mão-de-obra	Material	Equipamento
II	Equipamento: Compressor de ar SAX80 Atlas Copco Caminhão de carroceria de madeira F-22.000 - 7 m Rompedor TEX 31 Atlas Copco	h h h	0,06521 0,00001 0,13041				

CADERNO DE ENCARGOS E SERVIÇOS	Custo unitário total	=
	BDI %	=
	Preço unitário	=
	Preço unitário adotado	=
VERIFICADO:	APROVADO:	DATA BÁSICA / /

IV-19.9 Composição de preço unitário de serviço

ITEM IV-19.9	CÓDIGO			SERVIÇO Carga do material proveniente da demolição do pavimento asfáltico em caminhão			UNIDADE m³	
	Componentes	Unid.	Coef.	Custo unitário	Parcelas do custo unitário do serviço			
					Mão-de-obra	Material	Equipamento	
II	*Equipamento:* *Carregadeira de pneus 930 CAT* *Carreta, c/cavalo mecânico:* *Volvo N10II Turbo, prancha:* *Trivelatto 25/35 t*	h h	0,06116 0,00001					

CADERNO DE ENCARGOS E SERVIÇOS	Custo unitário total	=
	BDI %	=
	Preço unitário	=
	Preço unitário adotado	=
VERIFICADO :	APROVADO :	DATA BÁSICA / /

IV-19.10 Composição de preço unitário de serviço

ITEM IV-19.10	CÓDIGO	SERVIÇO Transporte de material proveniente da demolição do pavimento asfáltico, para local determinado pela fiscalização				UNIDADE m³ x km		
	Componentes	Unid.	Coef.	Custo unitário	\multicolumn{3}{c}{Parcelas do custo unitário do serviço}
					Mão-de-obra	Material	Equipamento
II	*Equipamento:* *Caminhão basculante F-14.000 6 m³*	h	0,00861				
III	*Mão-de-obra:* *Servente* *Leis sociais*	h %	0,00861 126,21000				

CADERNO DE ENCARGOS E SERVIÇOS	Custo unitário total	=
	BDI %	=
	Preço unitário	=
	Preço unitário adotado	=
VERIFICADO:	APROVADO:	DATA BÁSICA / /

IV-19.11 Composição de preço unitário de serviço

ITEM IV-19.11	CÓDIGO		SERVIÇO Demolição de revestimento asfáltico				UNIDADE m²	
	Componentes	Unid.	Coef.	Custo unitário	\multicolumn{3}{c}{Parcelas do custo unitário do serviço}		
					Mão-de-obra	Material	Equipamento
II	Equipamento: Compressor de ar XAS80 Atlas Copco Caminhão de carroceria de madeira F-22.000 - 7 m Rompedor TEX 31 Atlas Copco	h h h	0,01230 0,00001 0,02460				

CADERNO DE ENCARGOS E SERVIÇOS	Custo unitário total	=
	BDI %	=
	Preço unitário	=
	Preço unitário adotado	=
VERIFICADO :	APROVADO :	DATA BÁSICA / /

IV-19.12 Composição de preço unitário de serviço

ITEM IV-19.12	CÓDIGO		SERVIÇO Carga do material proveniente da demolição do revestimento asfáltico em caminhão				UNIDADE m³	
		Componentes	Unid.	Coef.	Custo unitário	\multicolumn{3}{c}{Parcelas do custo unitário do serviço}
						Mão-de-obra	Material	Equipamento
II	\multicolumn{2}{l}{*Equipamento:*}						
	\multicolumn{2}{l}{*Carregadeira de pneus 930 CAT*}	h	0,06116				
	\multicolumn{2}{l}{*Carreta, c/cavalo mecânico:*}						
	\multicolumn{2}{l}{*Volvo N10II Turbo, prancha:*}						
	\multicolumn{2}{l}{*Trivelatto 25/35 t*}	h	0,00001				

CADERNO DE ENCARGOS E SERVIÇOS	Custo unitário total	=	
	BDI %	=	
	Preço unitário	=	
	Preço unitário adotado	=	
VERIFICADO :	APROVADO :		DATA BÁSICA / /

IV-19.13 Composição de preço unitário de serviço

ITEM IV-19.13	CÓDIGO		SERVIÇO Transporte de material proveniente da demolição do revestimento asfáltico, para local determinado pela fiscalização			UNIDADE m^3 x km		
	Componentes		Unid.	Coef.	Custo unitário	Parcelas do custo unitário do serviço		
						Mão-de-obra	Material	Equipamento
II	Equipamento: Caminhão basculante F-14.000 com 6 m^3		h	0,00861				
III	Mão-de-obra: Servente Leis sociais		h %	0,00861 126,21000				

CADERNO DE ENCARGOS E SERVIÇOS	Custo unitário total	=
	BDI %	=
	Preço unitário	=
	Preço unitário adotado	=
VERIFICADO:	APROVADO:	DATA BÁSICA / /

IV-19.14 Composição de preço unitário de serviço

ITEM IV-19.14	CÓDIGO	SERVIÇO Arrancamento de paralelepípedos					UNIDADE m²	
		Componentes	Unid.	Coef.	Custo unitário	Parcelas do custo unitário do serviço		
						Mão-de-obra	Material	Equipamento
III		*Mão-de-obra:* *Servente* *Leis sociais*	h %	*0,30443* *126,21000*				

CADERNO DE ENCARGOS E SERVIÇOS	Custo unitário total	=	
	BDI %	=	
	Preço unitário	=	
	Preço unitário adotado	=	
VERIFICADO:	APROVADO:	DATA BÁSICA / /	

IV-19.15 Composição de preço unitário de serviço

ITEM IV-19.15	CÓDIGO		SERVIÇO Limpeza e empilhamento de paralelepípedos			UNIDADE m²		
	Componentes	Unid.	Coef.	Custo unitário	Parcelas do custo unitário do serviço			
					Mão-de-obra	Material	Equipamento	
III	*Mão-de-obra:* *Servente* *Leis sociais*	h %	0,06091 126,21000					

CADERNO DE ENCARGOS E SERVIÇOS	Custo unitário total	=
	BDI %	=
	Preço unitário	=
	Preço unitário adotado	=
VERIFICADO:	APROVADO:	DATA BÁSICA / /

IV-19.16 Composição de preço unitário de serviço

ITEM IV-19.16	CÓDIGO	SERVIÇO Carga de paralelepípedos em caminhão			UNIDADE m²		
	Componentes	**Unid.**	**Coef.**	**Custo unitário**	\multicolumn{3}{c}{**Parcelas do custo unitário do serviço**}		
					Mão-de-obra	Material	Equipamento
II	*Equipamento:* *Carregadeira de pneus 930 CAT*	h	0,00795				
	Carreta, c/cavalo mecânico: *Volvo N10II Turbo, prancha:* *Trivelatto 25/35 t*	h	0,00001				

	Custo unitário total	=
CADERNO DE ENCARGOS E SERVIÇOS	BDI %	=
	Preço unitário	=
	Preço unitário adotado	=
VERIFICADO:	APROVADO:	DATA BÁSICA / /

IV-19.17 Composição de preço unitário de serviço

ITEM IV-19.17	CÓDIGO			SERVIÇO Transporte de paralelepípedos para local determinado pela fiscalização			UNIDADE m² x km
	Componentes	Unid.	Coef.	Custo unitário	\multicolumn{3}{l}{Parcelas do custo unitário do serviço}
					Mão-de-obra	Material	Equipamento
II	Equipamento: Caminhão basculante F-14.000 com 6 m³	h	0,00112				
III	Mão-de-obra: Servente Leis sociais	h %	0,00112 126,21000				

CADERNO DE ENCARGOS E SERVIÇOS	Custo unitário total	=
	BDI %	=
	Preço unitário	=
	Preço unitário adotado	=
VERIFICADO:	APROVADO:	DATA BÁSICA / /

IV-19.18 Composição de preço unitário de serviço

ITEM IV-19.18	CÓDIGO		SERVIÇO Reassentamento de paralelepípedos				UNIDADE m²	
	Componentes	Unid.	Coef.	Custo unitário	\multicolumn{3}{c}{Parcelas do custo unitário do serviço}
					Mão-de-obra	Material	Equipamento
III	Mão-de-obra: Servente Calceteiro Leis sociais	h h %	0,52100 0,26050 126,21000				

CADERNO DE ENCARGOS E SERVIÇOS	Custo unitário total	=
	BDI %	=
	Preço unitário	=
	Preço unitário adotado	=
VERIFICADO:	APROVADO:	DATA BÁSICA / /